Bau und Berechnung der Verbrennungskraftmaschinen

Eine Einführung

von

Dipl.-Ing. **Franz Seufert**
Oberingenieur für Wärmewirtschaft

Fünfte, verbesserte Auflage

Mit 106 Abbildungen im Text
und auf 3 Tafeln

Springer-Verlag Berlin Heidelberg GmbH 1927

Additional material to this book can be downloaded from http://extras.springer.com

ISBN 978-3-642-51914-7   ISBN 978-3-642-51976-5 (eBook)
DOI 10.1007/978-3-642-51976-5

Alle Rechte, insbesondere das der Übersetzung
in fremde Sprachen, vorbehalten.
Copyright 1922 by Springer-Verlag Berlin Heidelberg
Ursprünglich erschienen bei Julius Springer in Berlin 1922

Vorwort zur fünften Auflage.

Obwohl an guten und ausführlichen Lehr- und Handbüchern für den Konstrukteur von Verbrennungskraftmaschinen kein Mangel besteht, schien es mir doch an einem Buch zu fehlen, das dem Lernenden in knapper Fassung die Verbrennungskraftmaschinen nicht nur, wie die meisten kleineren Werke, beschreibend bringt, sondern auch auf ihre Berechnung, Theorie und Wirtschaftlichkeit eingeht. Diese Lücke soll das vorliegende Werkchen ausfüllen; es enthält etwa den in den staatl. preußischen höheren Maschinenbauschulen durchzuarbeitenden Lehrstoff. Auch dem in der Praxis stehenden Ingenieur oder Fabrikanten, der sich rasch einen Überblick über dieses Gebiet verschaffen will, wird, wie ich hoffe, das Büchlein gute Dienste tun. Eine Anzahl von Abbildungen sind den im Quellenverzeichnis genannten großen, im gleichen Verlag erschienenen Werken von Güldner, Magg und Dubbel entnommen, während die übrigen Bildstöcke nach besonderen Zeichnungen angefertigt oder von Firmen zur Verfügung gestellt sind. Die vorliegende fünfte Auflage (seit 1917) ist insbesondere mit Rücksicht auf die in den letzten Jahren erzielten Fortschritte im Bau von Dieselmaschinen etwas erweitert worden. Einige ältere Bauarten habe ich beibehalten, weil sie, wenn auch nicht mehr gebaut, so doch noch in Betrieb zu finden sind. Nur ganz Veraltetes ist gestrichen. Den Firmen, die mich auch diesmal durch Überlassung von Zeichnungen, Beschreibungen und Bildstöcken unterstützt haben, spreche ich auch an dieser Stelle meinen verbindlichsten Dank aus.

Homberg (Niederrhein), Juli 1927.

Seufert.

Inhaltsverzeichnis.

I. Wirkungsweise der Verbrennungskraftmaschinen.

Einleitung. 1
A. Verpuffungsmaschinen. 3
   1. Viertaktmaschine für gasförmige Brennstoffe 3
   2. Viertaktmaschine für flüssige Brennstoffe 11
   3. Mehrzylindermaschinen 15
        Allgemeines 15
        Die Automobilmaschine 19
        Die Zwillingsgasmaschine 23
        Die Hochofengasmaschine 25
        Schiffsmaschinen 29
   4. Zweitaktmaschinen 31
B. Gleichdruckmaschinen 34
   1. Die Dieselsche Viertaktmaschine mit Luftpumpe 34
   2. Die kompressorlose Dieselmaschine 44
   3. Die Gleichdruck-Zweitaktmaschine 47
   4. Die Diesel-Schiffsmaschine 50

II. Berechnung der Hauptabmessungen.

A. Zylinder 55
B. Ventile 62
C. Triebwerk 69
   1. Kolben 69
   2. Rahmen 70
   3. Stopfbüchse 72
D. Besondere Teile 73

III. Steuerung und Regelung.

A. Antrieb der Steuerung 74
   1. Steuerwelle 74
   2. Nockenscheiben 76
   3. Exzenter 83
B. Regelung 83
   1. Regelung durch Aussetzer 83
   2. Gemischregelung 85
   3. Füllungsregelung 86
C. Schwungrad 88
   1. Das Massendruckdiagramm 89
   2. Das Kolbenüberdruckdiagramm 90
   3. Das Drehkraftdiagramm 91
   4. Berechnung des Kranzgewichtes 93
D. Umsteuerungen 97

IV. Zündungen.

A. Abreißzündung 101
B. Kerzenzündung 105

V. Die Brennstoffe.

A. Allgemeines 107
B. Gasförmige Brennstoffe 107
   1. Leuchtgas 107
   2. Kraftgas 108
   3. Hochofen- und Koksofengas 113
C. Flüssige Brennstoffe 116
   1. Das Erdöl und seine Destillate 116
   2. Destillate des Steinkohlenteeres 117
   3. Destillate des Braunkohlenteeres 118
   4. Spiritus 119

VI. Theorie der Verbrennungskraftmaschinen.

A. Theorie des Verpuffungsprozesses 120
B. Theorie des Gleichdruckprozesses 124
C. Konstruktion der theoretischen Expansions- und Verdichtungslinie 126

VII. Wirtschaftlichkeit der Verbrennungskraftmaschinen.

A. Die Wirkungsgrade 128
B. Die Brennstoffkosten 131
C. Die Gesamtbetriebskosten 132

Anhang. Geschichtliche Übersicht 134
Quellenverzeichnis 138

I. Wirkungsweise der Verbrennungskraftmaschinen.

Einleitung.

Bei den Dampfmaschinen ist das Treibmittel gespannter Wasserdampf, der der Maschine in sofort arbeitsfähigem Zustande zugeführt wird. Die **Verbrennungskraftmaschinen** verwenden **als Treibmittel Luft**, die durch Wärmezufuhr innerhalb der Maschine erst arbeitsfähig gemacht werden muß. Während bei den älteren sog. Heißluftmaschinen die Luft durch äußere Feuerung auf höheren Druck und höhere Temperatur gebracht wurde, erfolgt bei den heutigen Verbrennungskraftmaschinen die **Wärmezufuhr innerhalb des Arbeitszylinders** durch Beimischung und Verbrennung eines gasförmigen oder eines flüssigen Brennstoffes. Je nachdem der Brennstoff mit Luft gemischt als unmittelbar zündfähiges Gemisch in den Zylinder gelangt oder in fein verteiltem Zustand während des Arbeitshubes eingespritzt wird, unterscheidet man:

A. Verpuffungsmaschinen, bei denen die Verbrennung durch eine besondere Zündvorrichtung eingeleitet wird und **plötzlich** erfolgt. Dadurch steigen Druck und Temperatur und der Kolben gibt die ihm mitgeteilte Arbeit unter Expansion der Verbrennungsgase durch ein Kurbelgetriebe an die Kurbelwelle ab.

B. Gleichdruckmaschinen, welche reine Luft einsaugen und auf einen so hohen Druck verdichten, daß die gleichzeitige Temperatursteigerung ausreicht, um den im Anfang des auf die Verdichtung folgenden Hubes einzuspritzenden flüssigen Brennstoff ohne besondere Zündvorrichtung selbsttätig zu entzünden. Die Einspritzung wird so geleitet, daß die Verbrennung **ohne Druckerhöhung** erfolgt. Nach beendigter Einspritzung legt der Kolben den übrigen Teil seines Arbeitshubes unter Expansion der Verbrennungsgase zurück (Dieselmaschine).

Zu den Gleichdruckmaschinen zählen auch die **Glühkopfmaschinen**, bei denen der Verdichtungsdruck nicht so hoch getrieben wird und der eingespritzte Brennstoff sich an einer Erhöhung des Zylinderdeckels entzündet, die durch die fortlaufenden Verbrennungen glühend erhalten wird.

Der Fortschritt der heutigen Verbrennungskraftmaschinen gegenüber den Heißluftmaschinen beruht darin, daß erstere mit weit höheren Anfangstemperaturen arbeiten als die Heißluftmaschinen. Dadurch wird, wie im sechsten Teil entwickelt ist, der thermische Wirkungsgrad erhöht und damit der Brennstoffverbrauch vermindert.

Die wichtigsten **Brennstoffe** sind:
I. Gasförmige:
  a) Leuchtgas,
  b) Kraft- oder Generatorgas, erzeugt aus:
    1. Koks,
    2. Anthrazit,
    3. Braunkohlenbrikett,
    4. Torf,
  c) Hochofengas ⎱ für Großbetrieb,
  d) Koksofengas ⎰
II. Flüssige:
  a) Destillate des Erdöles: Benzin, Gasöl, Petroleum usw.,
  b) Destillate des Braunkohlenteeres: Solaröl, Paraffinöl,
  c) Destillate des Steinkohlenteeres, besonders Benzol,
  d) Spiritus.

Der Kolben nimmt entweder nur auf einer oder auf beiden Zylinderseiten Arbeit auf. Danach unterscheidet man:

A. Einfachwirkende Maschinen. Der Zylinder ist auf einer Seite offen und die entsprechende Kolbenseite steht dauernd mit der atmosphärischen Luft in Verbindung. Häufig dient er auch gleichzeitig als Kreuzkopf, wodurch eine besondere Kolbenstange und ein Kreuzkopf mit Führung entbehrlich wird. Der Kolben enthält dann einen Zapfen und wird unmittelbar an die Schubstange angeschlossen. Zur Aufnahme des senkrecht zur Gleitbahn wirkenden Druckes wird er entsprechend lang ausgeführt.

B. Doppeltwirkende Maschinen. Der Zylinder ist beiderseits geschlossen und der Kolben wird als Scheibenkolben ausgeführt und mit einer besonderen Kolbenstange verbunden, die den Zylinderdeckel der Kurbelseite mit einer Stopfbüchse durchdringt. Dadurch ist ein Kreuzkopf mit Führung notwendig.

Je nachdem zu einem Arbeitsspiel vier oder zwei Kolbenhübe gehören, unterscheidet man

A. Viertaktmaschinen.
  1. Hub: Ansaugen,
  2. Hub: Kompression oder Verdichtung,
  3. Hub: Verbrennung und Expansion (**Arbeitshub**),
  4. Hub: Auspuff.

B. Zweitaktmaschinen. Der 1. Hub des Viertaktprozesses wird dadurch ersetzt, daß eine besondere Pumpe, die in Ausnahmefällen auch durch die nicht arbeitende Seite des einfachwirkenden Arbeitskolbens ersetzt werden kann, die Ladung in den Zylinder einschiebt. Der 4. Hub des Viertaktprozesses wird dadurch entbehrlich, daß der Auspuff durch vom Kolben gesteuerte Schlitze eingeleitet und durch Einschieben von Luft und neuer Ladung vollzogen wird.

Für die richtige Verteilung der Vorgänge sorgt die **Steuerung**, die in den meisten Fällen durch Ventile erfolgt. Zur Überwindung der Totlagen und zur Arbeitsabgabe während der Hübe außerhalb des Arbeitshubes ist ein **Schwungrad** erforderlich, während ebenso wie bei der Dampfmaschine der **Regler** die Aufgabe hat, die Ladungsmenge der veränderlichen Leistung anzupassen.

Damit die von den heißen Gasen berührten Teile der Maschine und das Schmieröl gegen Verbrennen geschützt werden, müssen Zylindermantel, Deckel und Auspuffgehäuse mit **Wasser gekühlt** werden. Bei doppeltwirkenden und Zweitaktmaschinen ist außerdem die Kühlung des Kolbens, der Kolbenstange und der Stopfbüchse erforderlich.

A. Verpuffungsmaschinen.

1. Viertaktmaschine für gasförmige Brennstoffe.

Der **allgemeine Aufbau** einer einfachwirkenden Maschine geht aus dem Längsschnitt, Abb. 1[1]), und aus dem Grundriß, Abb. 2, hervor. Der **Kolben** B, der zugleich als Kreuzkopf dient, bewegt sich in einer vorne offenen **Laufbüchse** A, die von einem **Wassermantel** umgeben ist. Die Kühlung erfolgt meistens als **Durchflußkühlung**: Das Kühlwasser umspült die zu kühlenden Teile und fließt mit 30—50° ab. Viele, besonders kleinere Maschinen sind dagegen mit **Verdampfungskühlung** versehen. Das Kühlwasser wird auf 100° erhitzt und verdampft. Das verdampfte Wasser wird durch Frischwasser ersetzt. Diese Anordnung wird angewandt, wenn nicht genügend Kühlwasser beschafft werden kann, ist aber wegen der Kesselsteinbildung nur bei reinem Wasser zu empfehlen. Der Zylinderkopf enthält das **Einlaßventil** F und das **Auslaßventil** G. Beide öffnen sich nach innen, damit sie in geschlossener Stellung durch den stets höheren inneren Druck auf ihre Sitze gepreßt werden. Die Umgebung des Auslaßventils ist gekühlt, während beim Einlaßventil diese Kühlung nicht unbedingt notwendig ist, da es beim Einsaugen der

[1]) Gebr. Körting A.-G., Körtingsdorf-Hannover.

4 Wirkungsweise der Verbrennungskraftmaschinen.

Gase sich durch diese kühlt. Die Ventile werden durch die Steuerung gegen die Richtung des höheren Druckes angehoben, den

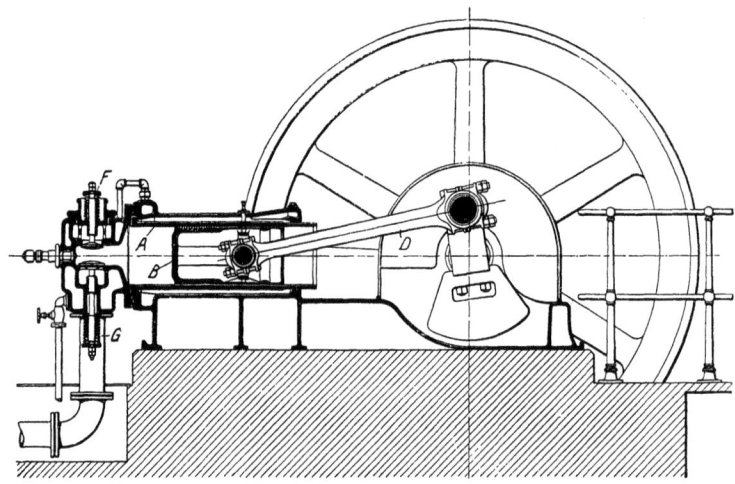

Abb. 1.

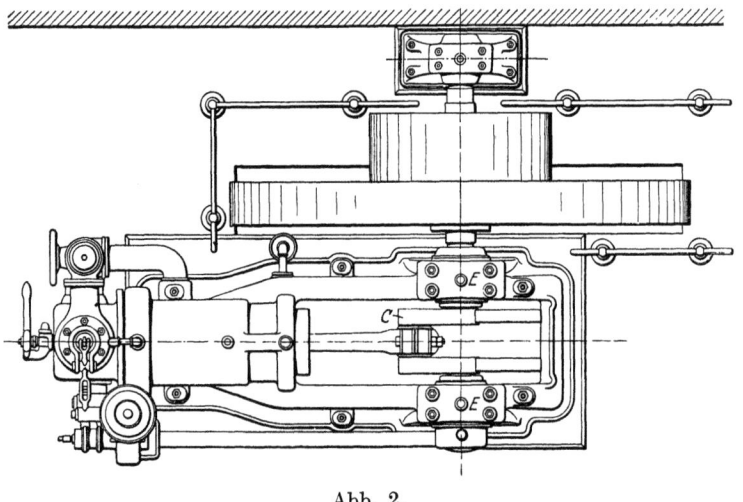

Abb. 2.

Ventilschluß besorgen Federn. Die Arbeit wird durch die Schubstange D auf die gekröpfte Kurbelwelle übertragen, die entweder in zwei oder in drei Lagern EE läuft. Im ersteren Fall (bei kleineren Maschinen) ist das Schwungrad fliegend angeordnet. Um die Gleichförmigkeit des Ganges zu verbessern, werden, besonders bei kleineren Maschinen, häufig zwei Schwungräder (zu beiden Seiten der Maschine) angebracht. Zum angenäherten Ausgleich der schwingenden Massen sind die Kurbelschenkel C mit angeschraubten Gegengewichten versehen. Der Antrieb der Steuerung erfolgt durch eine seitlich parallel zur Hubrichtung angeordnete Steuerwelle, die mit der Kurbelwelle durch ein Schraubenräderpaar verbunden ist. Da für jedes Ventil derselbe Vorgang nach je zwei Umdrehungen der Kurbelwelle wiederkehrt, muß die Übersetzung so gewählt werden, daß die minutliche Drehzahl der Steuerwelle gleich der halben Drehzahl der Kurbelwelle ist.

Die **Wirkungsweise** der Maschine ist im Beharrungszustand theoretisch folgende:

Erster Hub: Der Kolben befindet sich in der hinteren Totlage und saugt während des durch die lebendige Energie des Schwungrades bewirkten Vorwärtsganges ein zündfähiges Gemisch aus Luft und Gas in den Zylinder. Das Einlaßventil ist während des ganzen Hubes offen, das Auslaßventil geschlossen. Der Druck im Innern des Zylinders ist wegen der Widerstände in der Rohrleitung und im Ventil etwas geringer als der atmosphärische Luftdruck.

Zweiter Hub: Beide Ventile sind geschlossen, der Kolben geht durch die Schwungradwirkung zurück und verdichtet das vorher angesaugte Gemisch auf einen Enddruck, der je nach der Entzündungstemperatur des Brennstoffes 4 bis 8 at beträgt. Dieser Druck darf auf keinen Fall so hoch getrieben werden, daß durch die Verdichtungswärme eine unbeabsichtigte Selbst-Frühzündung erfolgt. Seine Höhe ist durch die Größe des zwischen Kolbentotlage und Ventilgehäuse eingeschlossenen Verdichtungsraumes (im Verhältnis zum Kolbenwegraum) bestimmt. Diese Verdichtung oder Kompression bringt folgende Vorteile:

1. Infolge des höheren Druckes kommt bei jedem Arbeitsspiel ein größeres Gewicht des arbeitsfähigen Gemisches in den Zylinder als bei 1 at abs, wodurch die Leistung auf 1 qcm Kolbenfläche vergrößert wird.
2. Die Sicherheit der folgenden Zündung wird erfahrungsgemäß erhöht.
3. Der thermische Wirkungsgrad[1]), der nur vom Verhältnis der Drücke am Anfang und Ende des Verdichtungshubes abhängt, wird vergrößert.

---
[1]) S. Sechster Teil.

Dritter Hub: In der hinteren Totlage des Kolbens wird das verdichtete Gemisch durch einen im Verdichtungsraum überspringenden elektrischen Funken[1]) entzündet und plötzlich verbrannt. Dadurch steigen Druck und Temperatur. Der Druck bewirkt die Arbeitsübertragung auf den Kolben, der vorwärts geschoben wird, wobei sich die Verbrennungsgase ausdehnen (expandieren). Dieser Hub heißt **Arbeitshub**, weil nur während seiner Dauer vom Kolben auf die Welle **Arbeit** übertragen wird, während bei allen anderen Hüben die von der Maschine abzugebende Arbeit vom Schwungrad geleistet wird. Letzteres nimmt also während des Arbeitshubes die Arbeit von drei Hüben eines Arbeitsspieles auf. Beide Ventile sind geschlossen; in der vorderen Totlage öffnet sich das Auslaßventil, worauf sich der Gasdruck mit der Atmosphäre ausgleicht.

Vierter Hub: Der Kolben geht zurück und schiebt bei geöffnetem Auslaßventil die Verbrennungsgase vor sich her ins Freie. Der Druck im Zylinder ist wegen der Widerstände in der Rohrleitung und im Ventil etwas höher als der atmosphärische Luftdruck. In der hinteren Totlage schließt sich das Auslaßventil und öffnet sich das Einlaßventil, worauf mit dem Vorwärtsgang des Kolbens ein neues Arbeitsspiel beginnt.

Trägt man nach Abb. 3 den zu jeder Kolbenstellung gehörigen Druck auf, so ergibt sich das ausgezogene **theoretische Diagramm**, in dem die Zündung bei Z und die Ausströmung bei A erfolgt. Die Kompressions- und die Expansionslinien sind Kurven, deren Verlauf im 6. Teil erklärt wird. In Wirklichkeit erfolgt die Verbrennung nach der Zündung nicht plötzlich, sondern in einer endlichen, wenn auch sehr kleinen Zeit, während der der Kolben einen merklichen Weg zurücklegt. Dadurch steigt die Druckkurve nicht senkrecht, sondern, wie gestrichelt, schief an und der schraffierte Teil der Diagrammfläche und damit ein Teil der Arbeitsleistung gehen verloren. Öffnet sich das Auslaßventil bei A, dann sinkt der Druck ebenfalls nicht augenblicklich, sondern allmählich auf die Höhe des Gegendruckes und ein weiterer Teil des Diagrammes fällt weg. Um diese Verluste zu vermeiden, läßt man nach Abb. 4 die Zündung kurz vor der Totlage (etwa 1% des Kolbenhubes) eintreten und das Auslaßventil bei VA (Voraustritt) unter einem Kurbelwinkel von etwa 40° vor der Totlage sich öffnen. Weitere Abweichungen der Ventilbewegungen folgen im dritten Teil.

Die **Berechnung der indizierten Leistung** aus dem Diagramm erfolgt ähnlich wie bei der Dampfmaschine; wegen der Schleife des Diagrammes ist jedoch folgende Erklärung zweckmäßig:

---
[1]) S. Vierter Teil.

Denkt man sich außerhalb der Maschine den absoluten Nulldruck, während die Drücke innerhalb der Maschine unverändert bleiben, so bleibt offenbar auch die Leistung unverändert und letztere ist positiv, wenn der Überdruck in der Richtung der Kolbenbewegung

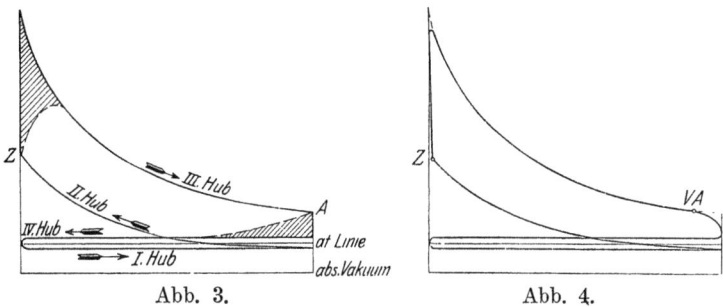

Abb. 3.   Abb. 4.

wirkt, dagegen negativ, wenn er dem Kolben entgegen wirkt. Dies ist in Abb. 5 dargestellt, in der die vier Hübe eines Arbeits-

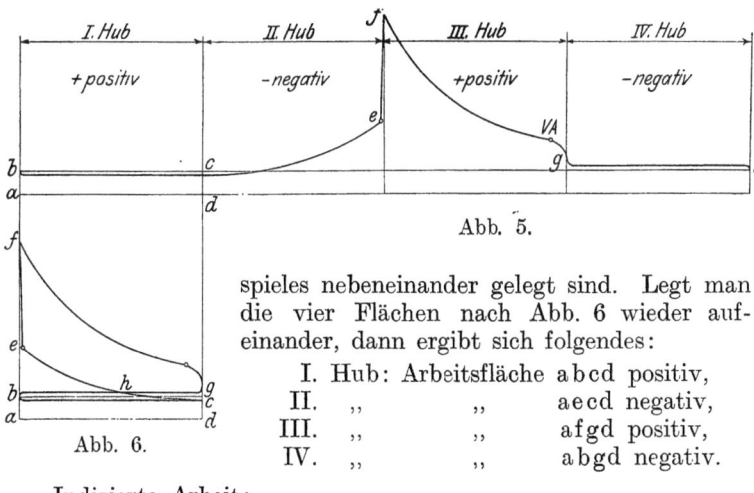

Abb. 5.

Abb. 6.

spieles nebeneinander gelegt sind. Legt man die vier Flächen nach Abb. 6 wieder aufeinander, dann ergibt sich folgendes:

I. Hub: Arbeitsfläche abcd positiv,
II.   ,,   ,,   aecd negativ,
III. ,,   ,,   afgd positiv,
IV.   ,,   ,,   abgd negativ.

Indizierte Arbeit:

$$(abcd - aecd) + (afgd - abgd)$$
$$= -becb + bfgb$$
$$= -(behb + bhcb) + (behb + chgf)$$
$$= ehgf - bhcb.$$

Das Flächenstück des Diagrammes oberhalb des Schnittpunktes h ist demnach positiv, die Schleife unterhalb h ist negativ.

Planimetriert[1]) man das Diagramm im Sinn der Pfeilrichtungen von Abb. 3, dann subtrahiert sich die Schleife von selbst. Bei abgenommenen Indikatordiagrammen ist die Schleife jedoch meistens so schmal, daß sie nicht berücksichtigt zu werden braucht; es genügt also die Planimetrierung des Diagrammteiles efgh in Abb. 6. Berechnet man aus letzterem den mittleren Druck p_m und bezeichnet man mit

F die Kolbenfläche in qcm, wobei bei doppeltwirkenden Maschinen die Kolbenstange zu berücksichtigen ist,

s den Kolbenhub in m,

$z = \dfrac{n}{2}$ die minutliche Zündungszahl,

dann ist für jede arbeitende Kolbenseite die

indizierte Leistung $N_i = \dfrac{F \cdot p_m \cdot s \cdot z}{60 \cdot 75}$ PS_i

oder mit $z = \dfrac{n}{2}$: $N_i = \dfrac{F \cdot p_m \cdot s \cdot n}{120 \cdot 75}$ PS_i

Bei doppeltwirkenden und Mehrzylindermaschinen sind die Leistungen jeder arbeitenden Seite zu addieren.

Beispiel: Die indizierte Leistung einer einfachwirkenden, einzylindrigen Kraftgasmaschine von

D = 300 mm Zylinderdurchmesser (F = 706 qcm) und

s = 450 mm Kolbenhub

ist zu berechnen, wenn die minutliche Drehzahl zu n = 180 und der mittlere Druck zu p_m = 3,8 at festgestellt wurde.

$$N_i = \frac{F \cdot p_m \cdot s \cdot n}{120 \cdot 75} = \frac{706 \cdot 3,8 \cdot 0,45 \cdot 180}{120 \cdot 75} = \mathbf{24,2} \text{ PS.}$$

Das erforderliche **Mischungsverhältnis** zwischen Gas und Luft hängt von der Zusammensetzung und dem Heizwert des Gases ab und ist im 2. und 5. Teil angegeben. In der Maschine wird es durch Bemessung der Eintrittsquerschnitte für Gas und Luft festgelegt. Zur genauen Einstellung sind, besonders bei größeren Maschinen, Klappen oder Hähne in den bis kurz vor dem Einlaßventil getrennt zu haltenden Rohrleitungen vorhanden. Zur Erzielung einer besseren Mischung und Erhaltung eines stets gleichmäßigen Mischungsverhältnisses ist bei größeren Maschinen vor dem Einlaßventil ein besonderes **Mischventil** angeordnet, das sich gleichzeitig mit dem Einlaßventil öffnet und schließt. Die Öffnung des Mischventiles erfolgt entweder selbsttätig durch den Unterdruck des Saugehubes oder durch eine besondere Steuerung. Das Schließen geschieht im ersten Fall durch das eigene Gewicht, im zweiten Fall durch eine Feder. Das Einlaßventil spielt dann

---

[1]) Siehe des Verfassers Anleitung zur Durchführung von Versuchen an Dampfmaschinen usw. 8. Aufl., Berlin: Julius Springer 1927, S. 28.

Verpuffungsmaschinen.

mehr die Rolle eines Schutzorganes des empfindlichen Mischventiles gegen die hohen Drücke und Temperaturen im Zylinder.

Ein selbsttätiges Mischventil[1]) ist in Abb. 7 dargestellt; die linke Hälfte des Längsschnittes zeigt die geschlossene, die rechte Hälfte die geöffnete Stellung; es ist ein glockenförmiges Doppelsitzventil, dessen oberer und unterer Teller durch Rippen d (s. Querschnitt) verbunden sind, zwischen denen die Schlitze a freibleiben. Das Gas tritt von unten durch einen von Hand einstellbaren Hahn, die Luft seitlich ein. Der Hub des Ventiles hängt von dem Unterdruck beim Saugehub ab, und das Verhältnis der bei a und b freigegebenen Querschnitte für Gas und Luft ist bei jeder Größe des Ventilhubes dasselbe. Bei c ist zwischen Misch- und Einlaßventil eine mit dem Regler verbundene Drosselklappe eingeschaltet.

Abb. 8 zeigt den Querschnitt durch den Ventilkopf der Maschine mit Einlaß-, Auslaß- und Mischventil, sowie den Antrieb der beiden ersteren durch die Daumenscheiben der Steuerwelle, Hebel und Druckstangen, ferner die Verbindung des Reglers mit der Drosselklappe.

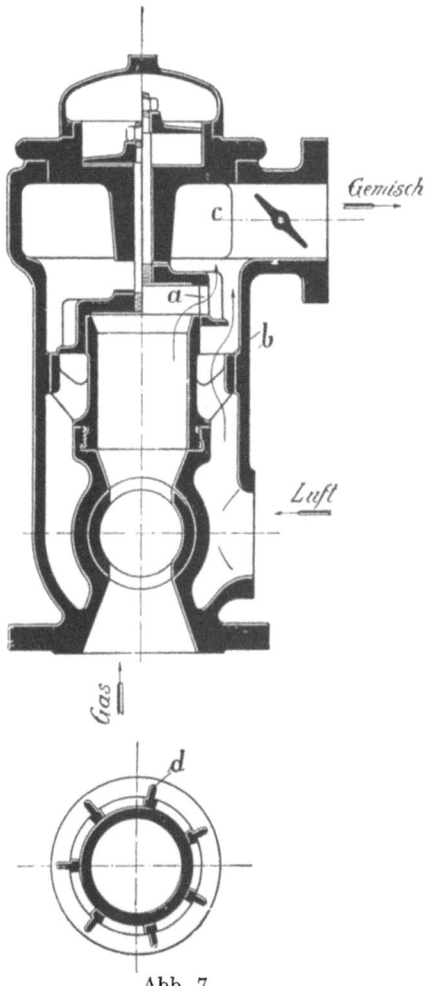

Abb. 7.

Aus Abb. 9 ist der äußere Aufbau der Maschine ersichtlich (Zwillingsmaschine).

---
[1]) Gebr. Körting, Hannover.

Wirkungsweise der Verbrennungskraftmaschinen.

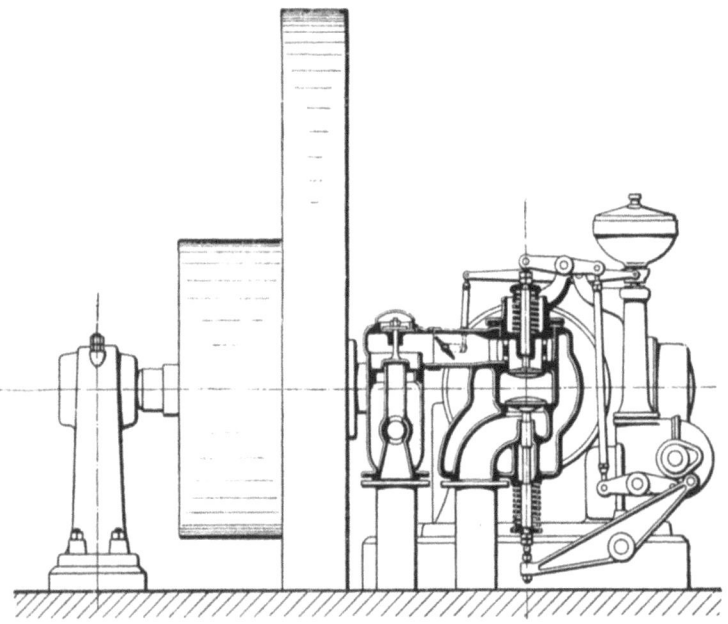

Abb. 8.

Abb. 9.

Verpuffungsmaschinen. 11

2. Viertaktmaschine für flüssige Brennstoffe.

Diese Maschinen werden hauptsächlich für Automobile, Wasser- und Luftfahrzeuge, dann aber auch als Kleinmotoren, besonders für die Landwirtschaft, gebaut; letztere sind in den letzten Jahren vor dem Krieg durch Elektromotoren vielfach verdrängt worden. Als Brennstoffe dienen nur leichtflüchtige Kohlenwasserstoffe, vorwiegend Benzin und Benzol, in Ausnahmefällen auch Spiritus.

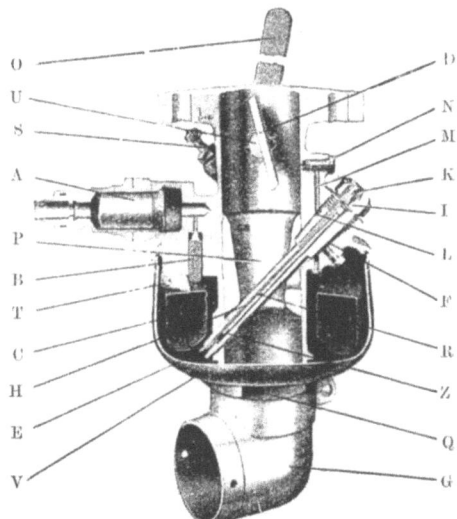

Abb. 10. Pallas-Vergaser, Type SA, vertikal.

A Brennstoff-Filteranschluß
B Schwimmernadel
C Schwimmer
D Drosselklappe
E Brennstoffdüse
F Spritzdüse
G Lufteinlaßkrümmer
H Tauchrohr
I Korrekturluftdüse

K Schutzsieb
L Leerlauföffnung
M Leerlaufkanal
N Leerlaufdüse
O Regulierhebel
P Lufttrichter
Q Verschlußmutter für Schwimmerbehälter
R Brennstoffaustrittslöcher

S Anschlaghebel mit Stellschraube
T Schwimmeraufhängung mit Stift
U Achse für Drosselklappe
V Schwimmerbehälter
Z Luftöffnungen für Tauchrohr-Vierkant

Kennzeichnend für die Betriebsweise ist der Umstand, daß der Brennstoff fein zerstäubt[1] und mit Luft gemischt durch das Einlaßventil vom Kolben angesaugt wird. Im übrigen ist die Arbeitsweise genau wie bei den Maschinen für gasförmige Brennstoffe. Die Zerstäubung geschieht im „Verdampfer" oder „Vergaser", der aus der Schwimmervorrichtung, der Zerstäubungsdüse und dem Mischraum besteht. Früher leitete man die Luft infolge des Unterdrucks beim Saugehub durch einen mit dem

---

[1] Fälschlich „vergast".

abfließenden warmen Kühlwasser etwas geheizten Topf, der mit dem Brennstoff gefüllt war, wobei sich die Luft mit Brennstoffdämpfen sättigte. Diese Verdunstungskarburatoren werden nicht mehr ausgeführt, weil sie den Saugewiderstand vergrößern und bei undichtem Einlaßventil trotz Schutzsieben Veranlassung zu gefährlichen Explosionen geben können.

Abb. 10 zeigt den sehr verbreiteten Pallas-Vergaser[1]) für Fahrzeugmaschinen.

Der durch ein Filter A dem Vergaser zufließende Brennstoff wird durch einen Ringschwimmer C und eine kurze Schwimmernadel B auf konstantem Niveau erhalten. Der Schwimmer bewegt sich nahezu reibungsfrei im Schwimmergehäuse, so daß eine Abnutzung nicht eintreten kann. In das Schwimmergehäuse hinein taucht unter Vermeidung jeglicher Kanäle die schräg von oben eingesetzte Kombinations-Spritzdüse F, die sich von außen durch Lösen einer einzigen Sechskantmutter mit einem Handgriff herausnehmen läßt. Sie enthält sämtliche die Gemischbildung beeinflussenden Regulierteile, nämlich die am unteren Ende eingeschraubte Brennstoffdrosseldüse E, das Tauchrohr H, welches die den Brennstoffaustritt korrigierende Luft zuführt, und die sogenannte Korrekturluftdüse J, die den Spritzdüsenraum mit der Außenluft verbindet. Ein Schutzsieb K schützt Korrekturluftdüse und Tauchrohr vor dem Eindringen von Fremdkörpern. Bei niedrigen Drehzahlen der Maschine saugt der Hauptluftstrom, der durch den in jeder Richtung einstellbaren Ansaugkrümmer G zugeführt wird, aus den beiden im engsten Querschnitt des Apparates angeordneten Öffnungen R der Spritzdüse nur Brennstoff an, der sowohl in der Düse als auch im Tauchrohr auf gleichem Niveau steht. Mit wachsender Drehzahl wird der Brennstoff im Innern des Tauchrohrs allmählich abgesaugt. Dadurch werden die im unteren Vierkant des Tauchrohres angeordneten Luftöffnungen Z freigegeben, so daß sich durch die Korrekturluftdüse Außenluft dem Brennstoffstrome beimischt. Diese Luftmenge steigt mit zunehmendem Unterdruck, wodurch eine stets gleichbleibende Gemischbildung erreicht wird. Öffnet man die Drosselklappe plötzlich, so entsteht nicht ein augenblicklicher Brennstoffmangel, sondern die in dem Steigrohr befindliche Brennstoffmenge dient als eine Art Flüssigkeitsverschluß und Speicher, dessen Inhalt erst vollkommen erschöpft sein muß, bis die zur Korrektur notwendige Luft eintreten kann. Dies geschieht erst dann, wenn der Unterdruck im Vergaser, mithin die Drehzahl der Maschine, die erforderliche Höhe erreicht hat. Um das sofortige Anspringen des Motors, sowie einen

---
[1]) Pallas-Apparate-Gesellschaft, Berlin-Charlottenburg.

ruhigen langsamen Leerlauf zu erzielen, ist der Pallas-Vergaser mit einer besonderen Leerlaufvorrichtung ausgestattet. Sie besteht im wesentlichen aus der verlängerten Spritzdüse F, die durch die Öffnung L mit dem Kanal M in Verbindung steht, welcher gegenüber der Drosselklappe D in die Ansaugleitung mündet. Die Wirkungsweise der Leerlaufvorrichtung ist folgende: Bei nur wenig geöffneter Drosselklappe wird infolge der hohen Luftgeschwindigkeit an derselben durch die Leerlaufdüse N aus der Spritzdüse Brennstoff angesaugt. Diesem mischt sich Luft bei, welche durch die Öffnungen R eintritt, die bei normalem Gang der Maschine als Austrittslöcher für den Brennstoff dienen. Die Menge dieses für den Leerlauf notwendigen Brennstoffluftgemisches wird durch die Leerlaufdüse N geregelt, die von außen leicht zugänglich und auswechselbar ist. Beim Öffnen der Drosselklappe nimmt die Wirkung der Leerlaufvorrichtung allmählich ab und hört in dem Augenblick vollkommen auf, wo die Luftgeschwindigkeit an der Spritzdüse F größer geworden ist als diejenige, die zwischen Drosselklappe und Vergaserwandung entsteht. Dies ist beim normalen Gange des Motors stets der Fall, so schaltet sich die Leerlaufvorrichtung selbständig aus. Der auswechselbare Lufttrichter P, der nach Entfernung der Spritzdüse und Lösen einer von außen zugänglichen Halteschraube ohne Demontage des Apparates nach unten herausgezogen und gegen einen anderen ausgetauscht werden kann, ermöglicht die Anpassung des Vergasers an die Zylinderabmessungen und Drehzahl des Motors.

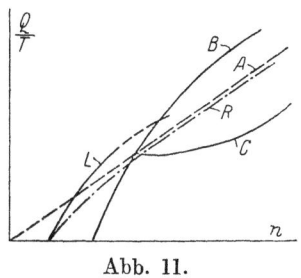

Abb. 11.

A Theor. Kurve
B Einfluß der Benzindüse ⎫
C Einfluß der Korrektur- ⎬ auf die Brennstoff-
düse
L Einfluß der Leerlauf- ⎭ Fördermenge
düse
R Ungefährer Verlauf der wirklichen Kurve

Das Zusammenarbeiten der Düsen ist nach Angabe der Firma aus dem Diagramm (Abb. 11) ersichtlich. In demselben sind die sekundlich geförderten Brennstoffmengen der Düsen als Ordinaten und die Umdrehungszahlen des Motors, welche dem im Saugrohr entstehenden Unterdruck proportional gesetzt werden können, als Abszissen aufgetragen. Abgesehen von gewissen Abweichungen, welche durch die veränderliche Zündgeschwindigkeit sowie den wechselnden Einfluß der Kompression auf die theoretisch erforderliche Brennstoff-Förderungsmenge des Vergasers hervorgerufen werden, würde die Kurve der theoretisch erforderlichen Brennstoffmengen bei steigendem Unterdruck als gerade Linie verlaufen. Die wirkliche Kurve R der Brennstoffmenge muß sich also der theoretischen Kurve A nach Möglichkeit nähern. Das ist natürlich mit einer normalen Benzindüse nicht zu erreichen, da sich die Kurve B einer solchen Düse von der theoretischen recht weit entfernt, schon dadurch, daß sie überhaupt erst bei einem bestimmten Unterdruck, d. h. bei einer bestimmten Tourenzahl in Tätigkeit tritt. Der aus der Spritzdüse austretende Brennstoffstrom muß also gebremst werden, und zwar in der Weise, daß

1. der Eintritt der Bremswirkung bei einem bestimmten Unterdruck erfolgt,

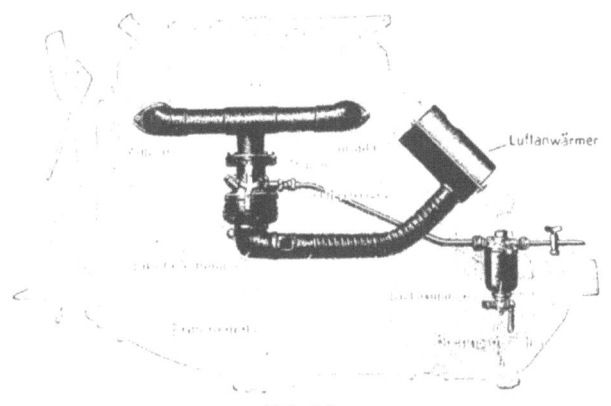

Abb. 11 a.

2. der Einfluß der Bremsluft sich in einer Weise äußert, die geeignet ist, die zu starke Gemischanreicherung, welche die Benzindüse allein ergeben würde, sicher zu verhindern.

Diese Wirkung übt das Tauchrohr in Verbindung mit der Korrekturluftdüse aus. Den Einfluß derselben stellt die Kurve C dar. Die Vereinigung der beiden Kurven C und B würde die wirkliche Kurve R ergeben. Die Wirkungsweise bzw. die Fördermenge der Leerlaufeinrichtung geht aus der Kurve L hervor, deren oberer Verlauf sich allerdings nicht näher festlegen läßt, da zur Erreichung höherer Umdrehungszahlen das Drosselorgan aus dieser Stellung entfernt werden muß, wobei die Saugwirkung der Leerlaufleitung allmählich aufhört.

Den Einbau des Vergasers an einem Vierzylindermotor zeigt Abb. 11a. Hieraus geht auch hervor, in welcher Weise die Ansaugeluft zur Vergrößerung der Aufnahmefähigkeit für den Brennstoffdampf mittels der Abgaswärme vorgewärmt wird.

Der **Verdichtungsenddruck** (4—5 at) muß bei diesen Maschinen niedriger gehalten werden als bei Gasmaschinen, wegen der Gefahr einer frühzeitigen Selbstzündung durch die Kompressionswärme. Der höhere Wert gilt für Benzol, der niedrigere für Benzin. Bei Betrieb mit weniger leicht flüchtigen Brennstoffen, z. B. Spiritus, ist die Maschine erst mit Benzol anzulassen, bis der Vergaser sich genügend erwärmt hat, um den Spiritus zu verdampfen.

3. Mehrzylindermaschinen.

Allgemeines.

Ein Nachteil der einzylindrigen Viertaktmaschine besteht darin, daß sie wegen des ungleichförmigen Drehmomentes ein sehr schweres Schwungrad[1]) erfordert, um die Umlaufgeschwindigkeit einigermaßen gleichmäßig zu halten. Deshalb werden Maschinen, bei denen das Schwungradgewicht wegen Gewichts- und Raumersparnis, sowie wegen der Notwendigkeit des schnellen Anhaltens, klein gehalten werden muß (**Automobil-** und **Schiffsmaschinen**), mit 2, 4 oder 6 Zylindern gebaut. Dadurch wird gleichzeitig die Wirkung der schwingenden Massen fast oder auch ganz ausgeglichen. Maschinen, bei denen eine feste Unterstützung ganz fehlt (**Flugzeug-** und **Luftschiffmaschinen**) erhalten zum vollkommenen Ausgleich der schwingenden Massen mindestens 6 Zylinder. Ortsfeste Maschinen werden einfachwirkend liegend mit 2 Zylindern oder stehend mit 2 bis 8 Zylindern, besonders als Dieselmaschinen ausgeführt, einmal um leichtere Schwungräder zu erhalten, dann aber auch, um im Großgasmaschinenbau die großen Zylinderabmessungen zu vermeiden, die **ein** für die ganze Leistung bemessener Zylinder erhalten müßte und die infolge von Gußspannungen und ungleichmäßiger Erhitzung Risse verursachen würden.

Doppeltwirkende Maschinen baut man hauptsächlich nur für große Leistungen, und zwar mit 2 Zylindern nebeneinander und unter 180° oder 0° versetzten Kurbeln (**Zwillingsmaschine**), oder mit 2 Zylindern hintereinander und gemeinsamem Triebwerk (**Tandemmaschine**) oder mit 4 Zylindern (**Doppeltandem**). Bei Hochofengasmaschinen sitzen hinter den Kraftzylindern die

---

[1]) S. Dritter Teil.

16 Wirkungsweise der Verbrennungskraftmaschinen.

Gebläsezylinder, deren Kolben von der Verlängerung der Kolbenstangen angetrieben werden.

In den folgenden Abbildungen sind die häufigsten Bauarten schematisch dargestellt und mit dem zugehörigen Arbeitsschema versehen. Die Zylinder sind mit römischen Ziffern bezeichnet, während bei den doppeltwirkenden Maschinen die Kolbenseiten die Bezeichnungen A (Außenseite) und K (Kurbelseite) tragen. Die Hübe sind durch arabische Ziffern unterschieden, und zwar bedeutet

1 den Ansaugehub,
2 ,, Verdichtungshub,
3 ,, Arbeitshub,
4 ,, Auspuffhub.

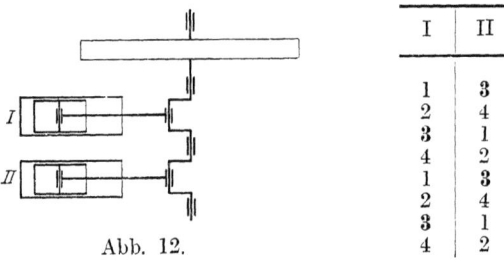

I	II
1	3
2	4
3	1
4	2
1	3
2	4
3	1
4	2

Abb. 12.

Abb. 12: Liegender, einfachwirkender Zwilling, Kurbeln gleichsinnig, jeder zweite Hub ein Arbeitshub, Arbeitshübe gleichmäßig aufeinanderfolgend, schwingende Massen durch Gegengewichte nur unvollkommen ausgeglichen.

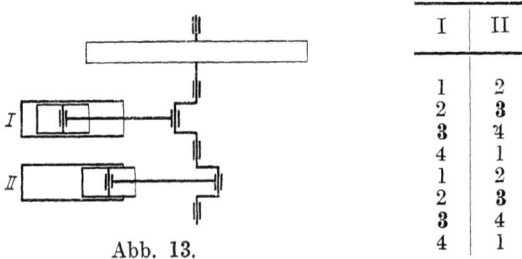

I	II
1	2
2	3
3	4
4	1
1	2
2	3
3	4
4	1

Abb. 13.

Abb. 13: Liegender, einfachwirkender Zwilling, Kurbeln unter 180° versetzt, auf 2 Umdrehungen kommen 2 Arbeitshübe, Arbeitshübe jedoch ungleichmäßig verteilt, schwingende Massen etwas besser ausgeglichen. In derselben Anordnung auch stehend ausgeführt.

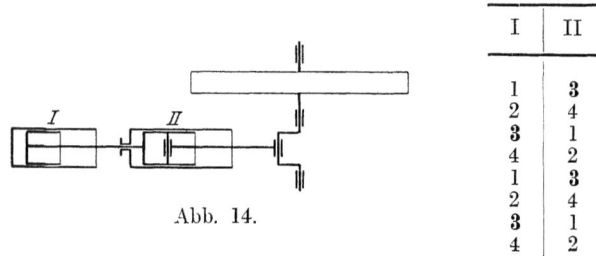

Abb. 14.

I	II
1	3
2	4
3	1
4	2
1	3
2	4
3	1
4	2

Abb. 14: Liegende, einfachwirkende Tandemmaschine, jeder zweite Hub ist ein Arbeitshub, Massenausgleich unvollkommen.

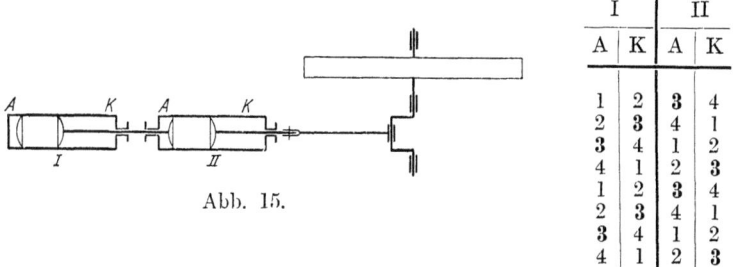

Abb. 15.

I		II	
A	K	A	K
1	2	3	4
2	3	4	1
3	4	1	2
4	1	2	3
1	2	3	4
2	3	4	1
3	4	1	2
4	1	2	3

Abb. 15: Liegende, doppeltwirkende Tandemmaschine, jeder Hub ist ein Arbeitshub, Massenausgleich unvollkommen.

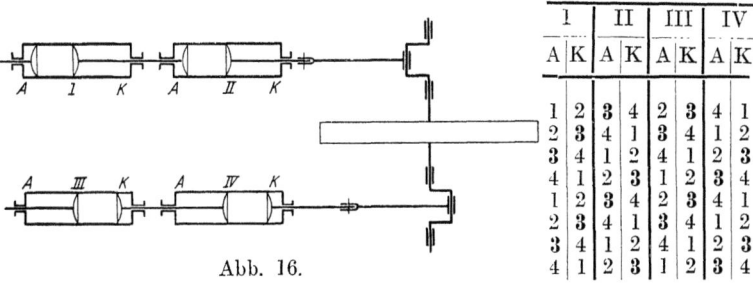

Abb. 16.

I		II		III		IV	
A	K	A	K	A	K	A	K
1	2	3	4	2	3	4	1
2	3	4	1	3	4	1	2
3	4	1	2	4	1	2	3
4	1	2	3	1	2	3	4
1	2	3	4	2	3	4	1
2	3	4	1	3	4	1	2
3	4	1	2	4	1	2	3
4	1	2	3	1	2	3	4

Abb. 16: Liegende, doppeltwirkende Doppeltandemmaschine, Kurbeln unter 180° versetzt, jeder Hub enthält zwei Arbeitshübe, Massenausgleich wie bei Abb. 13.

18 Wirkungsweise der Verbrennungskraftmaschinen.

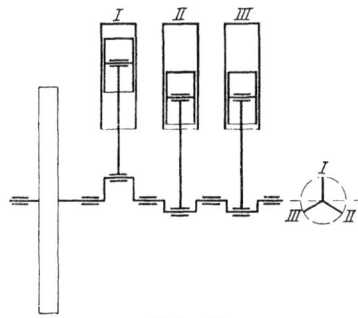

Abb. 17.

Abb. 17: Stehende, einfachwirkende Drillingsmaschine, Kurbeln unter 120° versetzt, Massenausgleich etwas besser als bisher.

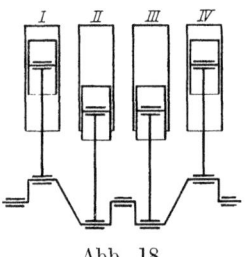

I	II	IV	III
1	4	3	2
2	1	4	3
3	2	1	4
4	3	2	1
1	4	3	2
2	1	4	3
3	2	1	4
4	3	2	1

Abb. 18.

Abb. 18: Vierzylindrige, einfachwirkende Automobilmaschine, Kurbeln zu je zweien unter 180° versetzt, jeder Hub ist ein Arbeitshub, Massenausgleich fast vollkommen.

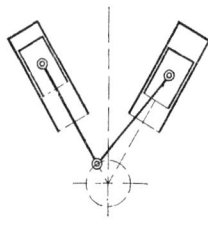

Abb. 19: Flugmotor mit V-förmig angeordneten Zylindern, von denen je 2 auf eine gemeinsame Kurbel wirken. Dadurch wird die Länge der Maschine in Achsenrichtung bei gleicher Zylinderzahl kürzer als nach Abb. 18.

Abb. 20: Sternförmiger Flugmotor mit 7 Zylindern, die alle auf eine gemeinsame Kurbel arbeiten. Vorteil: Kurze Baulänge.

Abb. 19.

Ausführung in zwei verschiedenen Bauarten:

1. Die Zylinder stehen still und die Welle läuft um. Nachteil: Die unteren Zylinder können durch festgebranntes Öl verschmutzen.

2. Die Zylinder laufen um eine feststehende Welle und drehen mittels einer hohlen Welle die Schraubenflügel (Gnôme-Motor).

Die Einlaßventile sind selbsttätig und sitzen in den Stirnwänden der Kolben. Die Auslaßventile hängen in den Zylinderböden und werden durch zweiarmige Hebel, Druckstangen mit Rollen und an der ruhenden Welle sitzende Daumenscheibe bewegt. Vorteil: Die Zylinderkühlung wird durch die Bewegung der Zylinder verbessert, besonders wenn letztere mit umlaufenden Rippen versehen sind. Nachteil: Der Luftwiderstand ist vergrößert.

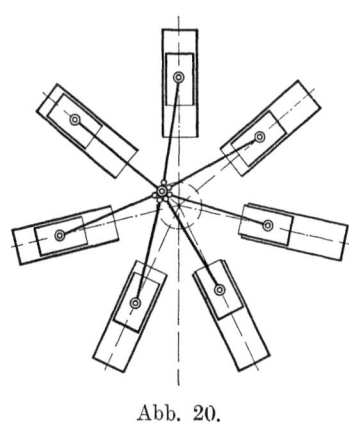

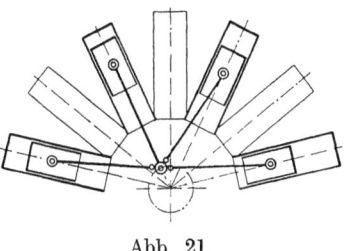

Abb. 20.   Abb. 21.

Abb. 21: Flugmotor mit fächerförmiger Zylinderanordnung und 2 Kurbeln. Der Nachteil der sternförmigen Bauart ist durch Heraufschlagen der unteren Zylinder vermieden. Dafür wird aber die Baulänge etwas größer.

Die Automobilmaschine.

Im Automobilbau haben sich allmählich aus den anfangs sehr verschiedenartigen Konstruktionen gute Bauarten herausgebildet, die eine große Anzahl von gemeinsamen Zügen aufweisen.

Die folgenden Ausführungen beziehen sich im wesentlichen auf den Daimlermotor, der in Abb. 22 im Längsschnitt und in Abb. 23 im Querschnitt dargestellt ist. Der Motor hat 4 Zylinder, von denen je 2 in einem Block zusammengegossen und an das Kurbelgehäuse angeschraubt sind. Die Ventile sind in den Zylinderköpfen hängend[1] untergebracht; ihre Öffnung folgt durch die

---

[1] Die Ventile können auch in seitlich an die Zylinder angegossenen Kästen sitzen, und zwar Einlaß- und Auslaßventile entweder auf verschiedenen Seiten oder alle Ventile auf einer Seite. Im ersteren Falle sind 2 Steuerwellen erforderlich. In beiden Fällen besitzt der Verbrennungsraum mehr verzweigte Ecken als bei hängenden Ventilen. Der Antrieb der letzteren erfordert allerdings mehr Gestänge.

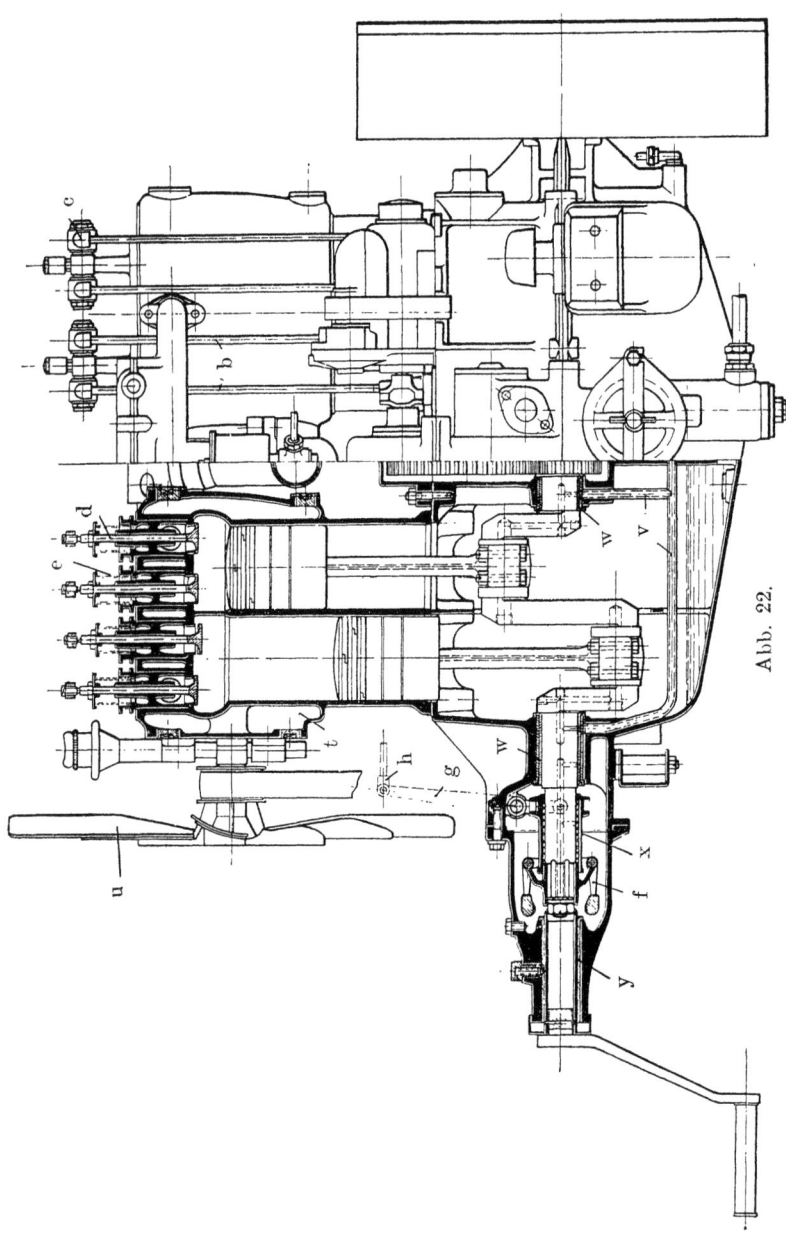

Abb. 22.

Verpuffungsmaschinen.

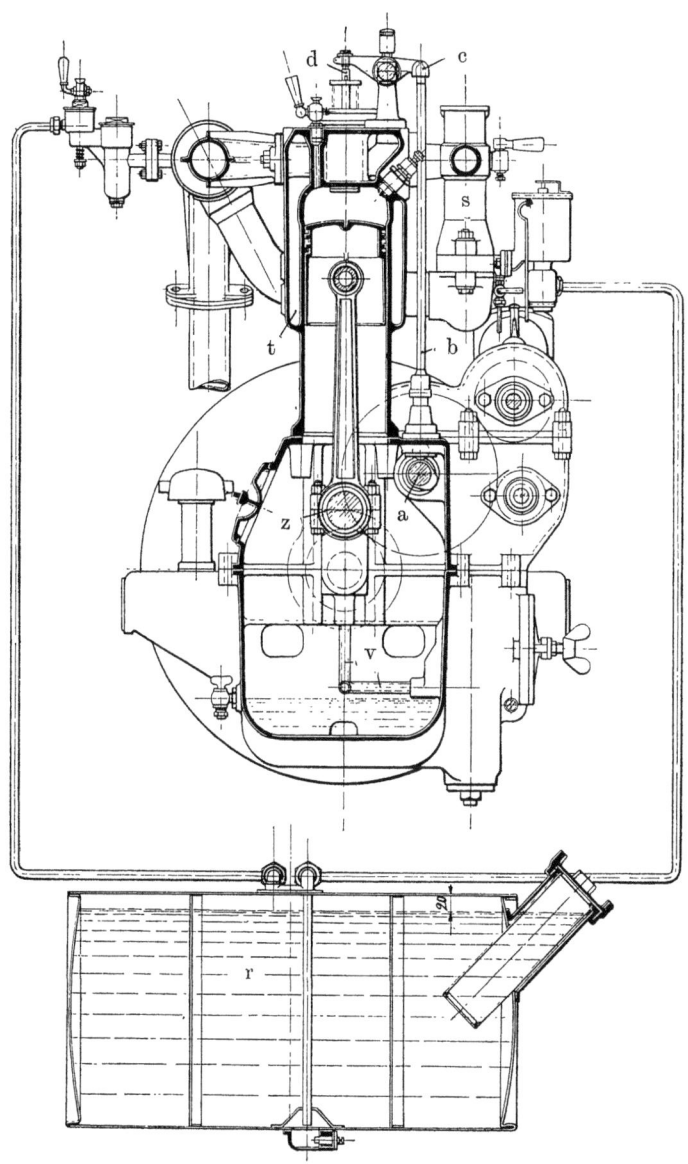

Abb. 23.

Nocken der **Steuerwelle** a, die Druckstangen b, die Hebel c und die Spindeln d, der Schluß durch die Federn e. Die Steuerwelle wird von der Kurbelwelle durch ein Stirnräderpaar angetrieben. Damit der Motor vom Stillstand aus leicht anspringt und beim Leerlauf nicht durchgeht, sitzt auf der Kurbelwelle ein Regler f, der mittels des Gestänges g und h auf den in Abb. 10 dargestellten **Vergaser** einwirkt.

Der Brennstoffbehälter r (Abb. 23) liegt meistens tiefer als der Vergaser s; deshalb ist der Brennstoff unter Druck zuzuführen, der vor dem Anlassen durch eine beim Führersitz untergebrachte Luftpumpe zu erzeugen ist und während des Betriebes durch einen Teil der Auspuffgase selbsttätig auf etwa 0,2 at erhalten wird.

Die **Kühlung** erfolgt dadurch, daß eine von der Steuerwelle angetriebene Kreiselpumpe das Kühlwasser in die angegossenen Kühlmäntel t der Zylinder und von da in die untere Kammer eines Kühlers drückt, in dem es aufsteigt, sich abkühlt und aus der oberen Kühlkammer wieder angesaugt wird. Der Kühler besteht aus einer oberen und einer unteren Wasserkammer, die durch eine Anzahl senkrechter flacher Messingröhren miteinander verbunden sind. Durch zwischengebaute gewellte Rippen ist die luftbestrichene Oberfläche zur Erhöhung der Kühlwirkung vergrößert. Das Wasser bespült die Röhren von innen, die Kühlluft von außen. Der Kühler sitzt vor dem Motor, die Röhren liegen in der Fahrrichtung; zur Verstärkung des Luftzuges ist hinter dem Kühler ein Windrad u angeordnet, das von der Kurbelwelle mit einem Riemen angetrieben wird.

Zur **Schmierung** dient die von der Steuerwelle durch Schnecke und Schneckenrad angetriebene Ölpumpe, die das Öl von der tiefsten Stelle des Kurbelgehäuses (Kurbelwanne) ansaugt und durch die Rohre v den Hauptlagern w zuführt. Vom vorderen Lager gelangt es zur Reglerhülse x und zum Lager y der Andrehkurbel, während es durch Bohrungen in der Kurbelwelle zu den Kurbelzapfen z geführt wird. Das aus den Lagern seitlich herausgepreßte Öl wird im Kurbelgehäuse umhergeschleudert, schmiert Zylinder, Kolben, Kolbenbolzen, Steuerräder und Nockenwelle. Das abtropfende Öl sammelt sich in der Wanne und fließt durch ein Filter zur Pumpe zurück. Damit man sich von der Wirkung der Pumpe überzeugen kann, ist von der Ölleitung v ein Rohr nach einem Ölschauglas beim Führersitz abgezweigt.

Die **Zündung** wird im 4. Teil allgemein behandelt.

Abb. 24 zeigt den Querschnitt durch den Benz-Motor; dieser unterscheidet sich von den eben beschriebenen hauptsächlich dadurch, daß sämtliche Ventile auf einer Seite angeordnet sind und sich nach oben öffnen.

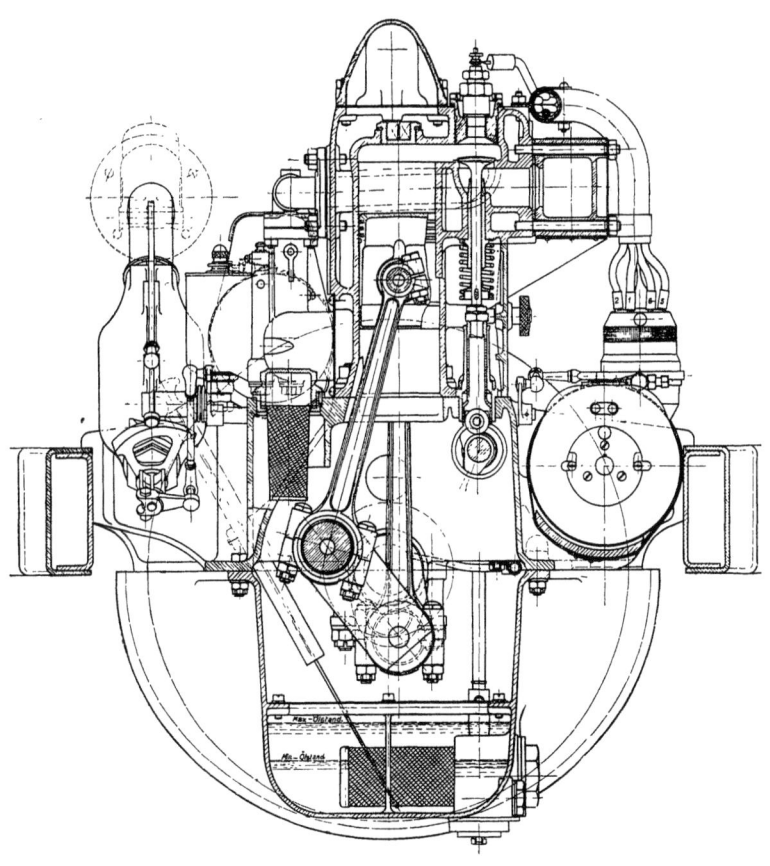

Abb. 24.

Die Zwillings-Gasmaschine.

Meistens werden diese Maschinen mit einem für beide Zylinder gemeinsamen Rahmen ausgeführt. Abb. 9 und 25 zeigen eine Anordnung der Motorenfabrik Deutz. Die Kurbelwelle ruht in drei Hauptlagern, das Schwungrad liegt auf der Verlängerung der Welle, die außerhalb des Schwungrades noch durch ein Außenlager

Abb. 25.

gestützt ist. Die Kurbeln sind unter 180° versetzt (gegenläufig) und meistens ohne Gegengewichte. Zwei solcher Doppelmaschinen können zu einem Doppelzwilling vereinigt werden, bei dem das Schwungrad zwischen den Doppelmotoren angeordnet ist. Auf der dem Schwungrad abgewandten Seite liegt die durch ein Schraubenräderpaar angetriebene Steuerwelle, von der sämtliche Ventile paarweise angetrieben werden.

Die Hochofengasmaschine.

Diese Maschinen werden doppeltwirkend mit 2 oder 4 Zylindern ausgeführt. Abb. 26 bis 28 gibt eine Seite einer Vierzylindermaschine der Maschinenfabrik Augsburg-Nürnberg wieder. Die Kolbenstange besteht aus 2 Hälften, die in der Mitte innerhalb des Zwischenstückes (Laterne) gekuppelt sind. Die Kuppelung G ist mit Gleitschuh E unterstützt. Zylinder, Zylinderdeckel, Kolben, Kolbenstangen und Auslaßventilgehäuse werden mit Wasser gekühlt. Für Zylinder und Auslaßventilgehäuse genügt ein Wasserdruck von etwa 1,0 Atm.; den bewegten Triebwerksteilen, Kolben und Kolbenstange dagegen muß das Wasser unter höherem Druck zugeführt werden. Zu diesem Zwecke wird das Wasser durch eine unmittelbar von der Kurbelwelle angetriebene Wasserpumpe auf höheren Druck gebracht. Bei größeren Anlagen wird das Kolbenkühlwasser für alle Maschinen am besten von einer gemeinsamen Hochdruckschleuderpumpe geliefert. Das Wasser fließt sämtlichen Kühlstellen von einer gemeinsamen Sammelleitung zu, während der Abfluß jeder Austrittsstelle zur Erreichung geringsten Wasserverbrauches geregelt werden kann. Um beim Abstellen der Maschine nicht jede Regelstelle verändern zu müssen, kann die Wasserzuleitung durch einen Absperrschieber geschlossen werden.

Die Kreuzkopfführung ist mit dem Zylinder-Anschlußflansch ohne Umspannen gebohrt. Die Zylinder B sind in der Mitte quer zur Mittellinie geteilt und mit Laufbüchsen versehen. Die auf die Zylinder aufgeschraubten Ventilkästen (C für Einlaß, D für Auslaß) nehmen die Ventilführungen und die Bügel für den Steuerungsantrieb auf.

Die Einlaßsteuerung, die in Abb. 29 besonders dargestellt ist, bewirkt eine Füllungsregelung[1]), welche die Menge des Gemisches der jeweiligen Belastung anpaßt. Einlaß- und Auslaßventil werden durch ein einziges Exzenter (H) auf jeder Zylinderseite mit Wälzhebel gesteuert. Bei den neueren Ausführungen erhält jedes Ventil ein besonderes Exzenter. Mischventil (J) und Einlaßventil (K) sitzen auf der gleichen Spindel, fest miteinander

---

[1]) Siehe dritter Teil.

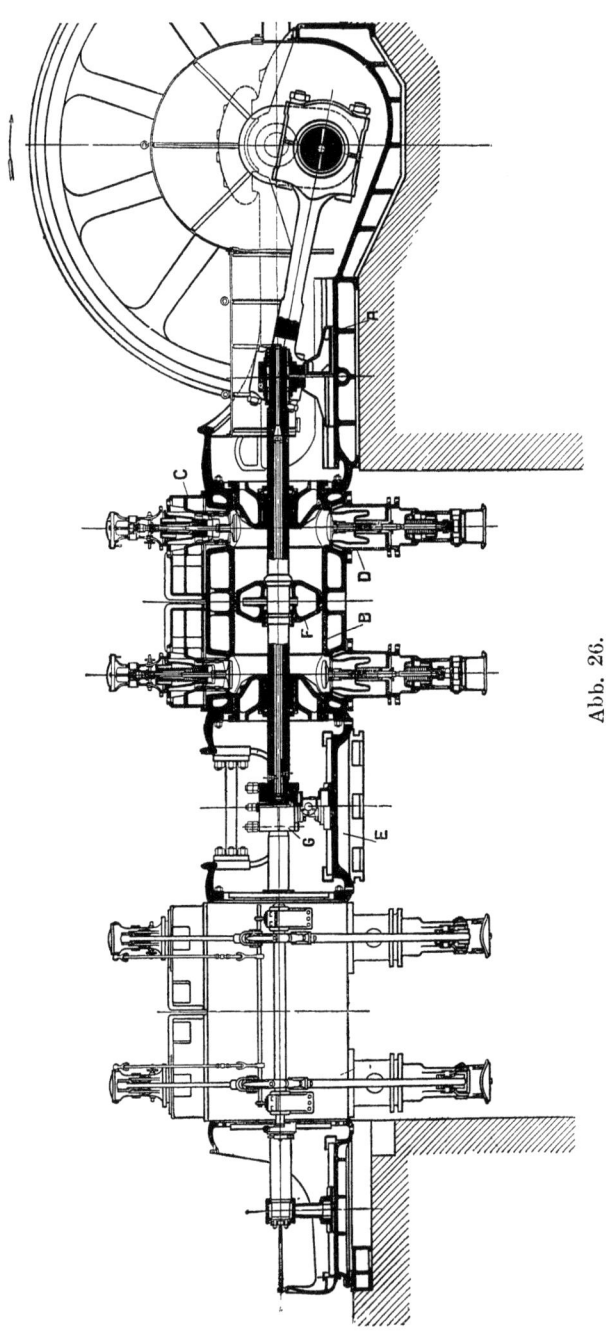

Abb. 26.

Verpuffungsmaschinen.

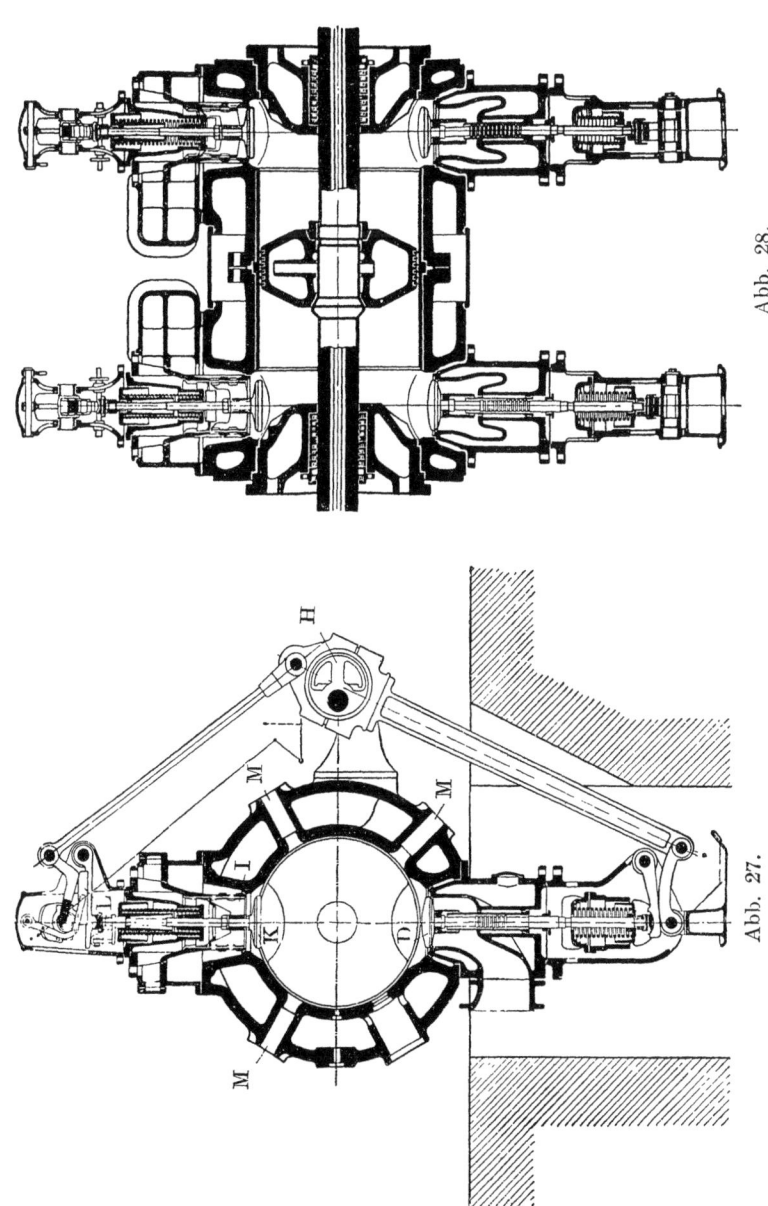

Abb. 28.

Abb. 27.

verbunden. Gleichzeitig mit dem Gas wird auch die Luft durch das als Kolbenschieber ausgebildete Mischventil gesteuert. Der Regler verändert durch Verschieben eines Steins (L) den Ventilhub,

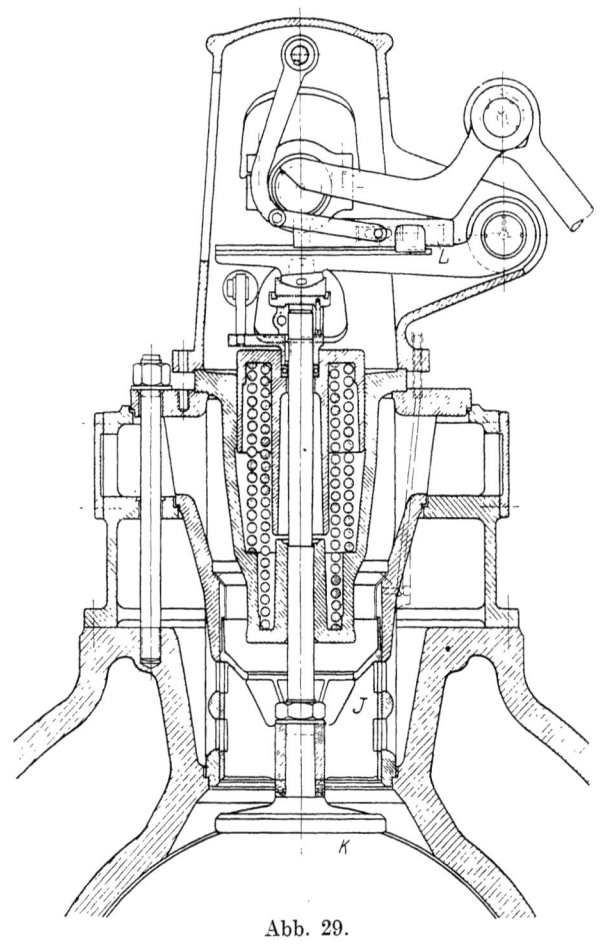

Abb. 29.

wodurch entsprechend der verlangten Leistung die Menge des angesaugten Gemisches bestimmt wird. Die Zusammensetzung des Gemisches bleibt bei allen Belastungen annähernd gleich; bei einer Änderung der Gaszusammensetzung kann das Gemisch während des Betriebes durch Verdrehen des Mischventils von Hand leicht geregelt werden. Die eigenartige Ausbildung des Mischventils verhindert nach Angabe der Firma auch bei teer- und staubhaltigem Gas eine vorzeitige Verschmutzung. Die Zündung[1]) erfolgt für jede Zylinderseite durch zwei elektromagnetisch betätigte Funkenabreiß-Zünder (M). Der Zündungszeitpunkt kann während des Betriebes eingestellt werden. Durch die Anordnung von besonderen Schmierpressen für Zylinder, Stopfbüchsen und Auslaßventile kann der Ölzufluß für jede Schmierstelle nach Bedarf eingestellt werden. Die äußeren Triebwerksteile werden unter Druck von einem großen, hochliegenden Ölbehälter aus geschmiert, von dem das Öl den einzelnen Schmierstellen durch weite Rohre regelbar zugeführt wird. Das abfließende Öl wird in einem Behälter im Keller des Maschinenhauses gesammelt, von etwaigen Unreinigkeiten befreit und dann durch eine von der Maschine unmittelbar angetriebene Ölpumpe wieder in den hochliegenden Ölbehälter gefördert. Die Wälzhebel und Steuerexzenter werden besonders geschmiert.

Eine Bauart der Motorenfabrik Deutz zeigt auf Tafel 1 Abb. 30 im Längsschnitt, Abb. 31 auf Tafel 1 im Querschnitt durch die Mittelebene von Ein- und Auslaßventil und Abb. 32 auf Tafel 1 im Querschnitt durch die Mittelebene des Mischventiles. Dieses besteht aus einem Gasventil und einem Luftschieber mit Schlitzen; beide sitzen auf einer gemeinsamen Spindel und werden vom Regler beeinflußt. Der Gang des Kühlwassers ist durch Pfeile angedeutet. Die Steuerung wird hier durch unrunde Scheiben bewirkt.

Schiffsmaschinen.

Diese werden ausgeführt als

a) Verpuffungsmaschinen mit 4 bis 6 Zylindern nach Art der Automobilmaschinen zum Betrieb mit Benzin oder Benzol. Zur besseren Ausnützung und Raumersparnis kann man durch Übereinandersetzen von je 2 Zylindern eine Doppelwirkung herstellen, wie Abb. 33 und 34 in der Bauart Wolf u. Struck, Aachen zeigt. Durch die hohle Kolbenstange c erfolgt der Druckausgleich zwischen der Unterseite des unteren Kolbens a und der Oberseite des oberen Kolbens b. Der Vergaser ist mit d, der Schwimmer mit e bezeichnet. Der Regler wirkt auf die Drosselklappe bei d' ein; f ist der Windkessel der Kühlwasserpumpe; das Wasser wird natürlich von außenbord angesaugt. Unterhalb des Kurbelkastens ist die Ölkammer h für die Umlaufschmierung angeordnet. Da

---

[1]) Siehe vierter Teil.

30   Wirkungsweise der Verbrennungskraftmaschinen.

die Ventile der oberen Zylinder auf der einen Maschinenseite, die
Ventile der unteren Zylinder auf der anderen Maschinenseite angeordnet sind, sind zwei Steuerwellen erforderlich. Die Umsteuerung erfolgt bei den Verpuffungs-Viertaktmaschinen durch Wendegetriebe (g′ mit Ölbehälter g) oder durch drehbare Flügel der Wasserschraube.

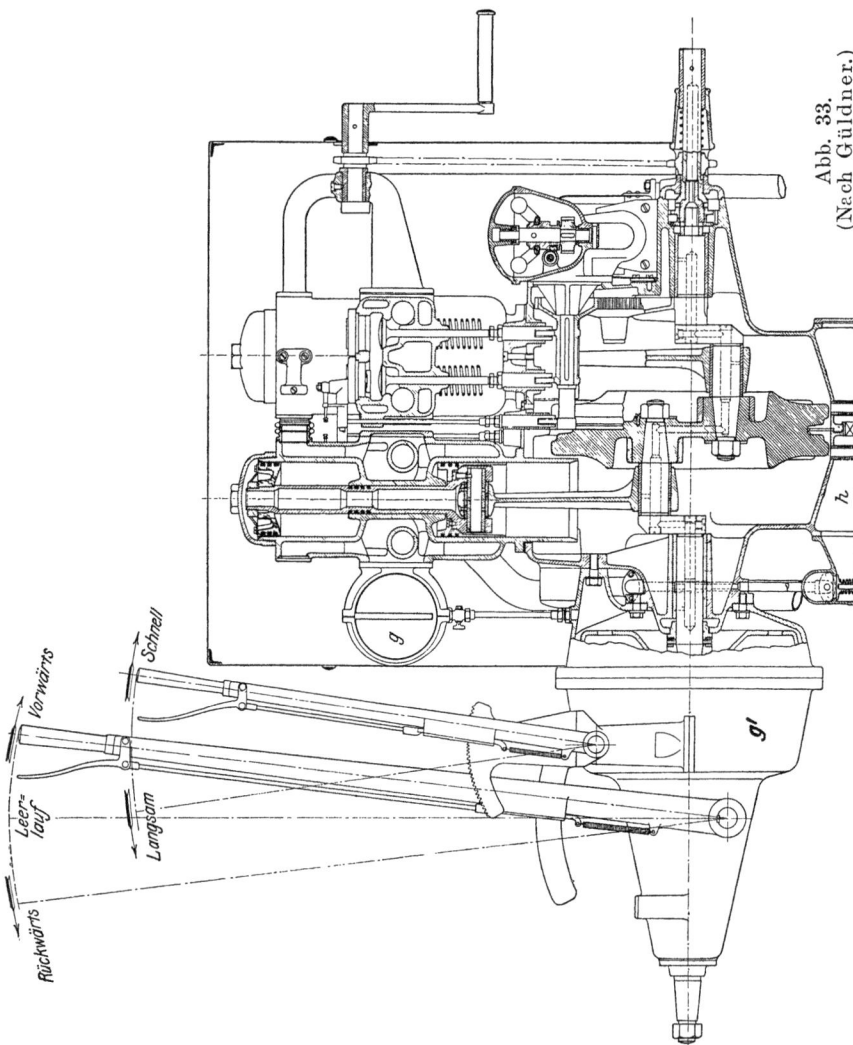

Abb. 33.
(Nach Güldner.)

b) Dieselmaschinen (s. später) mit unmittelbarer Umsteuerung an der Steuerwelle. Durch Anpassung der Dieselmaschine an die Anforderungen des Schiffsbetriebes ist die Einführung der Verbrennungskraftmaschine in den Groß-Schiffbau erst möglich geworden. Die größten Leistungen betragen einige 1000 PS in bis 6 einfachwirkenden Viertaktzylindern und in 4 bis 8 Zweitaktzylindern. Ausgedehnte Verwendung fand die Dieselmaschine zum Antrieb von Unterseebooten.

Eine Daimlersche 4 Zylinder-Schiffsmaschine in ähnlicher Bauart wie die Daimlersche Automobilmaschine zeigt die Tafel 2.

4. Zweitaktmaschinen.

Der Sauge- und der Ausströmhub des Viertaktverfahrens werden durch die Arbeit zweier Pumpen ersetzt, von denen die eine Gas, die andere Luft fördert.

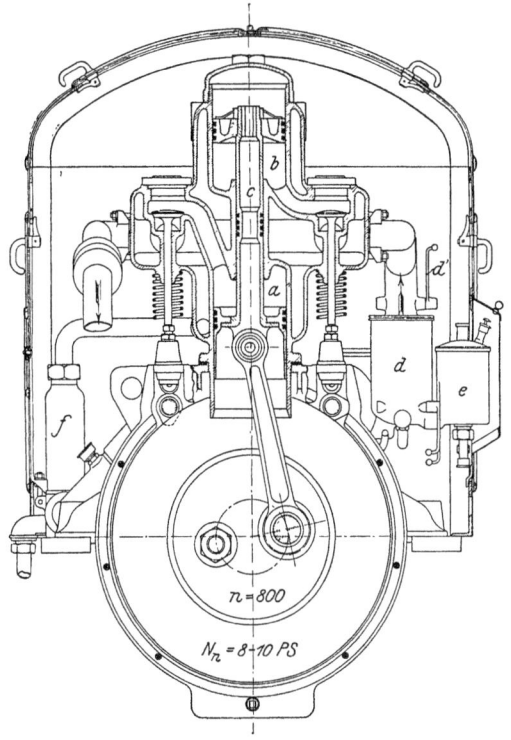

Abb. 34. (Nach Güldner.)

In Tafel 3 (Ausführung von Körting, Hannover) sind der Arbeitszylinder b unten, die beiden Pumpenzylinder c und c_1 mit Kolbenschiebersteuerung oben dargestellt. Der Arbeitszylinder ist (ebenso wie die Pumpenzylinder) doppeltwirkend; der Einlaß wird durch federbelastete Einlaßventile[1]), der Auslaß durch Schlitze gesteuert, die in der Mitte des Zylinders ringsherum laufend angeordnet sind und vom Kolben abwechselnd verdeckt und freigegeben werden. In der gezeichneten Stellung sei der

---

[1]) Die Federn sind in der Abbildung weggelassen.

32 Wirkungsweise der Verbrennungskraftmaschinen.

Verdichtungsraum rechts vom Kolben mit verdichtetem Gasluftgemisch gefüllt, das kurz vor der Totlage entzündet wurde. Der Kolben geht nach links, die Verbrennungsgase expandieren so lange, bis die rechte Kolbenkante die rechte Kante des Schlitzkranes überschreitet. Dadurch wird der Zylinderinhalt mit der atmosphärischen Luft verbunden und der Druck gleicht sich aus. Einen Augenblick später öffnet sich das rechte Einlaßventil und durch die Luftpumpe wird die Spülluft in den Zylinder gefördert, die die Verbrennungsgase durch die Schlitze hinausdrückt. Der Kolben gelangt inzwischen in seine linke Totlage. Von jetzt ab fördern beide Pumpen zusammen und bringen die neue Ladung in den Zylinder, welche zugleich die Spülluft durch die Schlitze verdrängt. Die Ladung ist beendet, sobald der letzte Rest von Spülluft

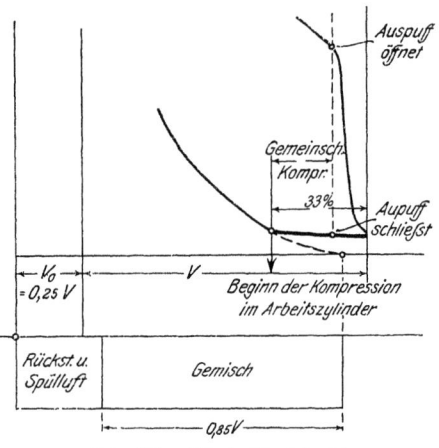

Abb. 35. Abb. 36. (Nach Dubbel.)

ausgetrieben ist. In demselben Augenblick soll der Kolben bei seinem Rückgang die Schlitze abgeschlossen haben, so daß weder Spülluft zurückbleibt, noch Teile der unverbrauchten Ladung entweichen. In Wirklichkeit läßt sich diese Forderung nie ganz erfüllen. Außerdem muß durch geringe Gasgeschwindigkeiten und besondere Form der Umgebung des Einlaßventiles dafür gesorgt werden, daß an den Grenzen zwischen Abgasen und Spülluft einerseits, sowie zwischen Spülluft und neuer Ladung keine Mischung (Zerflattern) eintritt. Sobald der Kolben die Schlitze verdeckt hat, schließt sich das Einlaßventil und beginnt die Kompression; kurz vor der Totlage erfolgt die Zündung. Auf der anderen Kolbenseite spielen sich dieselben Vorgänge um einen Hub versetzt ab.

Abb. 35 zeigt das Diagramm für die linke Kolbenseite, in dem die Spül- und Ladevorgänge wegen der Deutlichkeit maßstäblich etwas auseinandergezogen sind und aus dem die schichtenweise Lagerung der Abgase, der Spülluft und der Ladung ersichtlich ist.

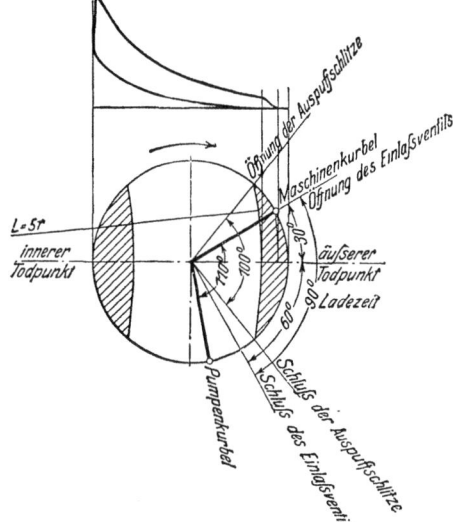

I: Der Kolben öffnet die Auspuffschlitze.
I–II: Druckausgleich mit der Atmosphäre.
II: Das Einlaßventil öffnet sich.
II–III: Ausspülen der Verbrennungsgase.
III: Totlage des Kolbens.
III–IV: Einschieben der Ladung.
IV: Der Kolben schließt die Auspuffschlitze.
IV–V: Gemeinsame Kompression von Arbeitskolben und Ladepumpen.
V: Das Einlaßventil schließt sich.

Abb. 37. (Nach Dubbel.)

Die Vorgänge des Ausspülens und Ladens sind in Abb. 36 im Diagramm maßstäblich wiedergegeben, während Abb. 37 die zu denselben Vorgängen gehörigen Drehwinkel von Maschinen- und Pumpenkurbel zeigt.

Der Zusammenhang zwischen Arbeits- und Pumpenzylindern geht aus Tafel 3 wie folgt hervor: Der Arbeitskolben a befindet sich vor der rechten Totlage und die Maschinenkurbel bildet mit der Wagerechten den in Abb. 37 gezeichneten Winkel von 30°, das linke Einlaßventil öffnet sich, die Pumpenkurbel eilt der Maschinenkurbel um 90° vor, beide Pumpenkolben bewegen sich

Seufert, Verbrennungskraftmaschinen. 5. Aufl. 3

nach links. Die Schieber der Gaspumpe stehen so, daß nach der Pfeilrichtung das aus dem Saugeraum k angesaugte Gas durch den geöffneten Schieber l wieder in den Saugeraum zurücktritt, die Gaspumpe also nicht fördert. Dagegen hat der Schieber l_1 der Luftpumpe schon abgeschlossen und die Luft tritt in Pfeilrichtung aus dem Saugeraum k_1 in den Druckraum m_1 und durch das Rohr f in den Arbeitszylinder (Spülung). Sobald in der Gaspumpe etwas später der Schieber l auch abgeschlossen hat, tritt durch das Rohr d auch Gas in den Arbeitszylinder (Ladung). Die Regelung erfolgt dadurch, daß der Regler die mit schrägen Schlitzen versehenen Schieber l und l_1 verdreht. Dadurch verändert sich der Zeitpunkt, zu welchem Sauge- und Druckraum jeder Pumpe verbunden werden, und damit die Menge der eingedrückten Ladung.

B. Gleichdruckmaschinen.

1. Die Dieselsche Viertaktmaschine mit Luftpumpe.

Die Maschine ist als stehende Vierzylindermaschine in Längs- und Querschnitt nach der Ausführung der Maschinenfabrik

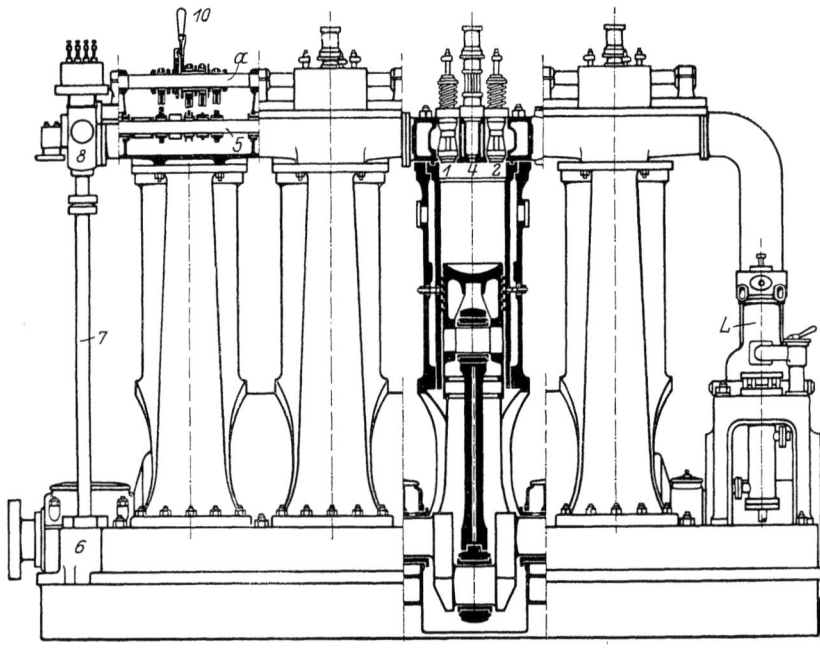

Abb. 38.

Augsburg-Nürnberg[1]) in Abb. 38 und 39 dargestellt. Ihre **Wirkungsweise** ist mit Bezug auf das Diagramm Abb. 40 und auf das Arbeitsschema Abb. 41 folgende:

Erster Hub: Der Kolben befindet sich in der oberen Totlage und saugt durch das geöffnete Einlaßventil 1 aus einem geschlitzten Rohr **Luft** ein. Die übrigen Ventile sind geschlossen.

Zweiter Hub: Sämtliche Ventile sind geschlossen. Die eingesaugte Luft wird durch den hochgehenden Kolben auf etwa 32 at

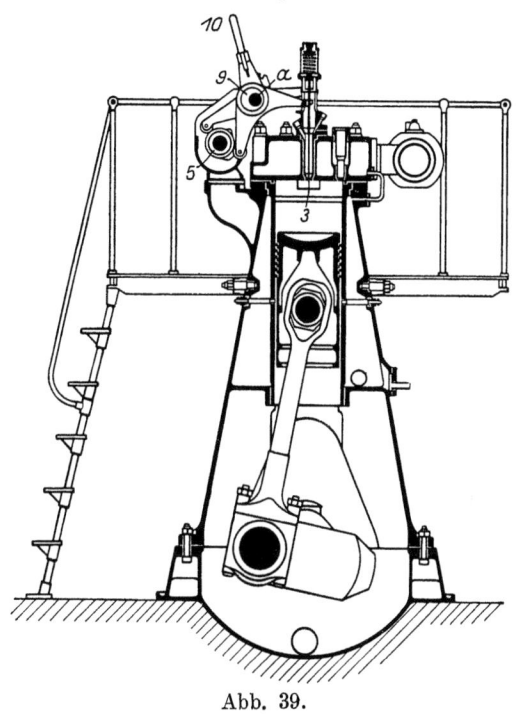

Abb. 39.

verdichtet und erhitzt sich dabei auf eine so hohe Temperatur, daß der nachher einzuspritzende Brennstoff sich von selbst darin entzündet.

---

[1]) Die Maschinenfabrik Augsburg-Nürnberg baut neuerdings ihre Dieselmaschinen mit Kompressor bis 1000 PS genau so wie ihre kompressorlosen Maschinen Abb. 50. Die größere Ausführung zeigt Abb. 43—46 und zwar Abb. 43: Schnitt durch Einlaßventil, Auslaßventil und Zylinder; Abb. 44: Schnitt durch Anlaßventil, Kolben und Zylinder mit Ansicht des Brennstoffventiles und Kühlung des Kolbens (Posaunenrohr); Abb. 45: Schnitt durch die Luftpumpe (dreistufig) mit Ansicht der Brennstoffpumpe und des Antriebes der Steuerwelle; Abb. 46: Schnitt durch den Antrieb der Steuerwelle.

36   Wirkungsweise der Verbrennungskraftmaschinen.

Dritter Hub: Ein- und Auslaßventil sind geschlossen, das Brennstoffventil 3 öffnet sich; der Brennstoff, der durch eine besondere Brennstoffpumpe für jeden Arbeitshub oberhalb des Brennstoffventiles auf dem Zerstäuber abgelagert ist, wird durch

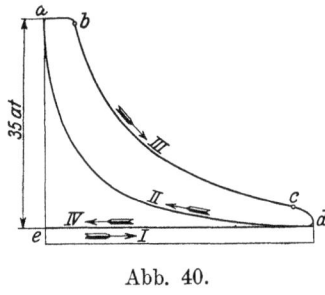

Abb. 40.

Luftdruck (50—70 at) durch den Zerstäuber gedrückt und kommt während des Kolbenweges a b (Abb. 40) fein zerstäubt in den Zylinder, wo er sich entzündet. Die Einspritzung ist so geleitet, daß die Verbrennung ohne Drucksteigerung erfolgt. Der Kolben wird arbeitverrichtend nach unten gedrückt, und nach Beendigung der Verbrennung schließt sich bei b das Brennstoffventil, worauf die Expansion der Verbrennungsgase erfolgt. Bei c öffnet sich das Auslaßventil 2, der Druck gleicht sich mit der Atmosphäre aus (Voraustritt).

Vierter Hub: Von der Totlage d bis e Ausströmen der Abgase.

Die zum Einblasen des Brennstoffes erforderliche Luft wird in einer von der Maschine angetriebenen zweistufigen Luft-

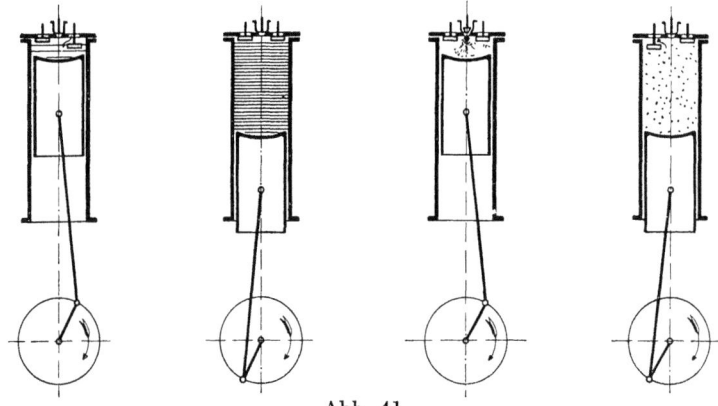

Abb. 41.

pumpe L verdichtet und in eine Stahlflasche (Einblasegefäß) gedrückt. Die Luftpumpe ist ebenso wie der Laufmantel und der Zylinderdeckel gekühlt. Außer dem Einlaß-, Auslaß- und Brennstoffventil sitzt im Deckel das Anlaßventil 4, das während des Anlassens der Maschine Druckluft in den Zylinder strömen läßt. Diese Druckluft wird ebenfalls der Luftpumpe entnommen und in zwei Anlaßgefäßen vorrätig gehalten.

Gleichdruckmaschinen. 37

Sämtliche Ventile werden von der wagerechten Steuerwelle 5 durch unrunde Scheiben angetrieben. Diese erhält ihren Antrieb von der Kurbelwelle durch ein Schraubenräderpaar bei 6, eine senkrechte Zwischenwelle 7, und ein zweites Schraubenräderpaar bei 8. Die Winkelhebel zum Aufdrücken der Ventile sind auf einer

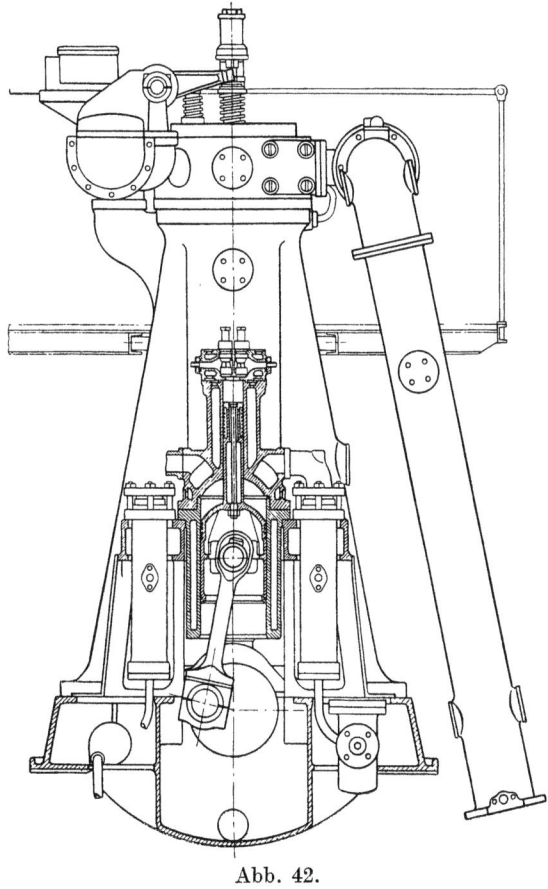

Abb. 42.

gemeinsamen Achse a gelagert. Alle Ventile mit Ausnahme des Brennstoffventiles öffnen sich nach unten, entsprechend der Regel, daß sich jedes Ventil gegen die Richtung des höheren Druckes öffnen soll. Die Hebel für das Brennstoff- und das Anlaßventil bewegen sich nicht unmittelbar auf der gemeinsamen Achse, sondern auf einer exzentrischen Büchse 9, die mittels des Hand-

38 Wirkungsweise der Verbrennungskraftmaschinen.

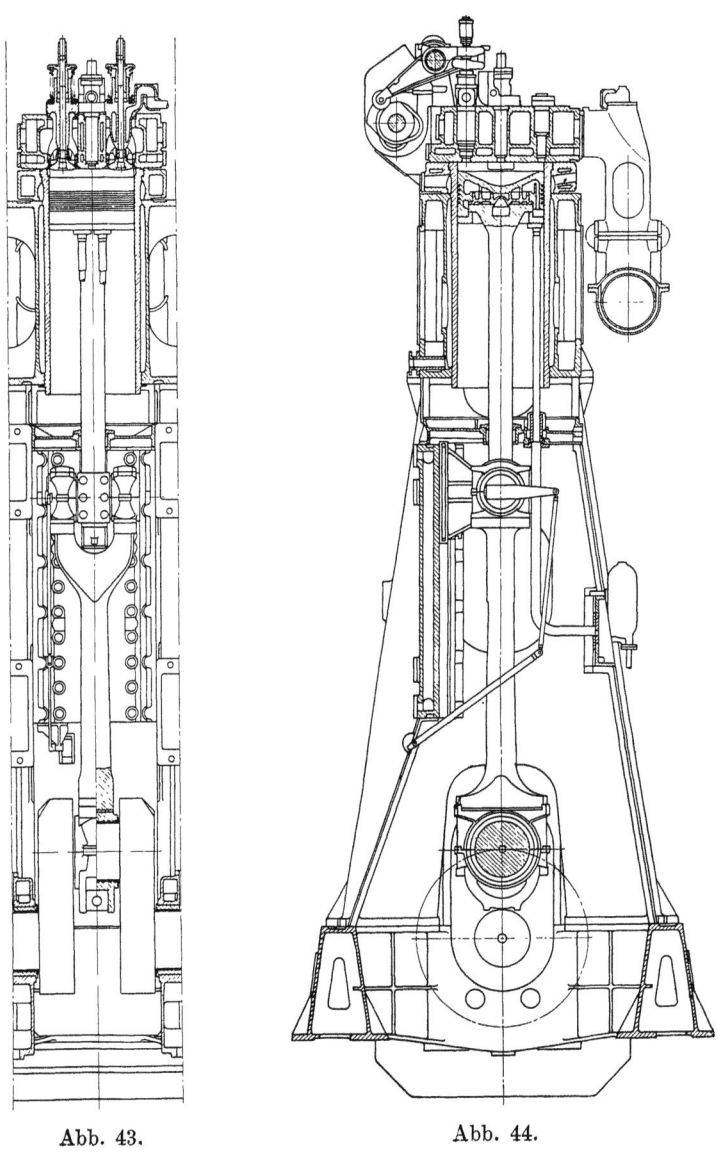

Abb. 43.   Abb. 44.

Gleichdruckmaschinen. 39

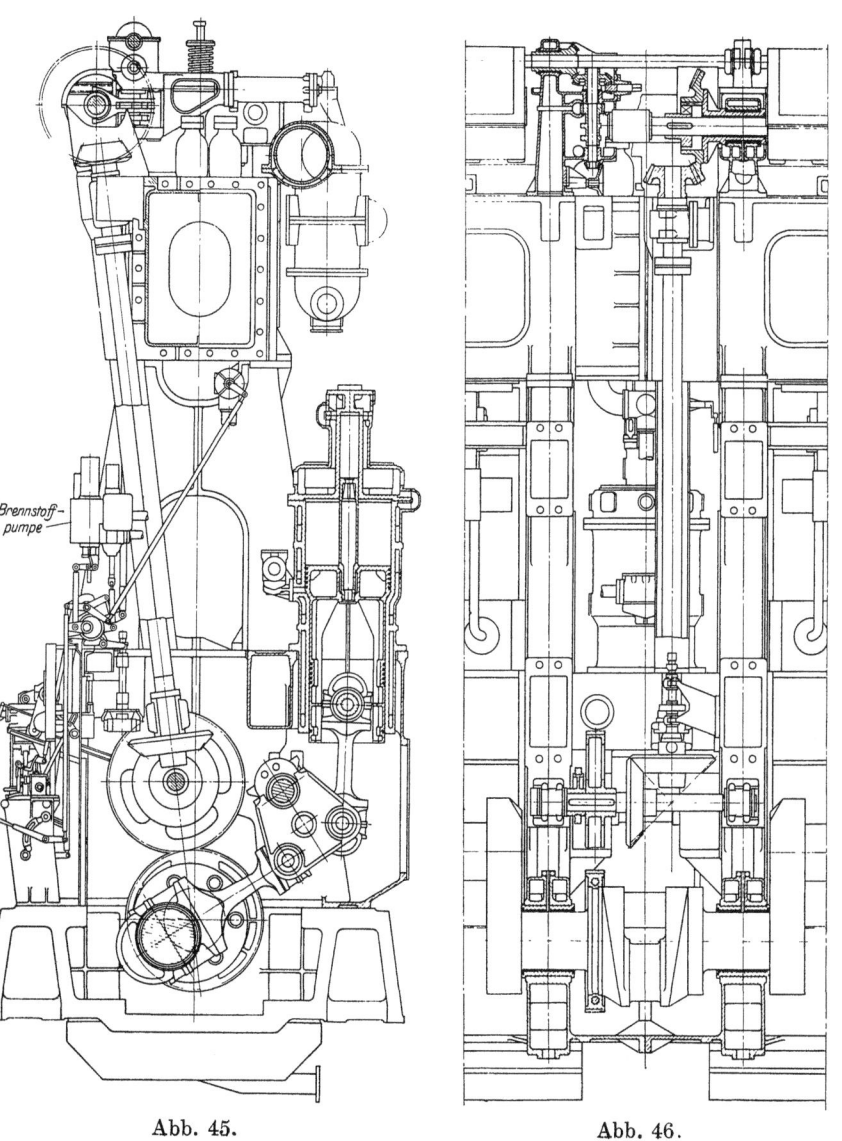

Abb. 45. Abb. 46.

40 Wirkungsweise der Verbrennungskraftmaschinen.

hebels 10 auf dieser Achse gedreht werden kann. Steht der Handhebel 10 nach oben, dann ist der Winkelhebel für das Brennstoffventil mit seinem Nocken in Eingriff, während der Hebel für das Anlaßventil ruht (Betriebsstellung). In der verdrehten Stellung des Handhebels ist der Anlaßventilhebel in Eingriff mit seinem Nocken, während das Brennstoffventil ruht (Anlaßstellung). Beim Anlassen der Maschine kommt der Handhebel in

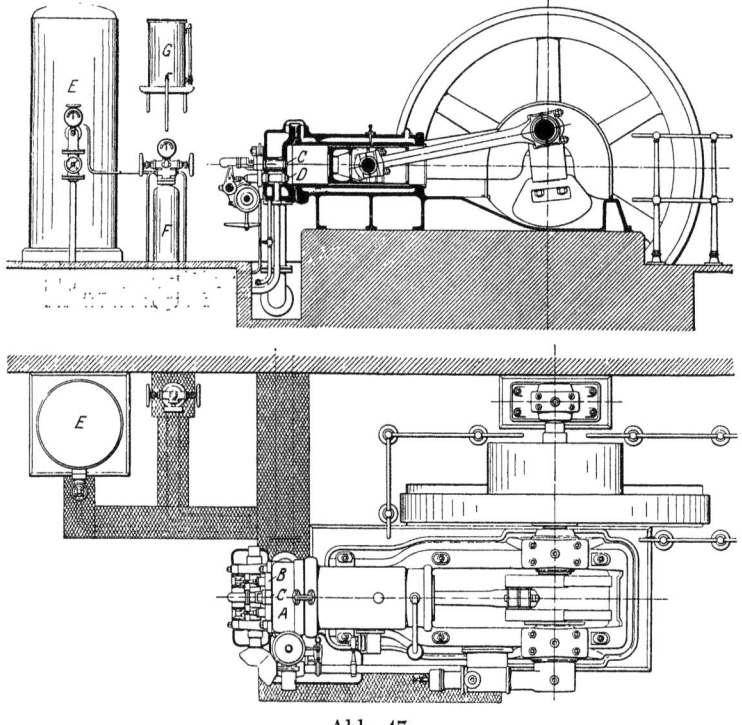

Abb. 47.

die verdrehte Stellung, die Maschine läuft mit Druckluft an, während das Einsaugen und die Kompression wie beim Beharrungszustand erfolgen. Nach einigen Umdrehungen genügt die Kompressionswärme zur Selbstzündung und der Handhebel 10 kommt in die Betriebsstellung. Die Luftpumpe und eine Stirnansicht ist in Abb. 42 besonders dargestellt.

Abb. 47 zeigt eine Körtingsche liegende Einzylinder-Dieselmaschine im Längsschnitt und Grundriß. Sämtliche

Gleichdruckmaschinen. 41

Ventile sitzen im Zylinderkopf und werden von einer gemeinsamen Querwelle angetrieben, die ihre Bewegung durch Kegelräder von

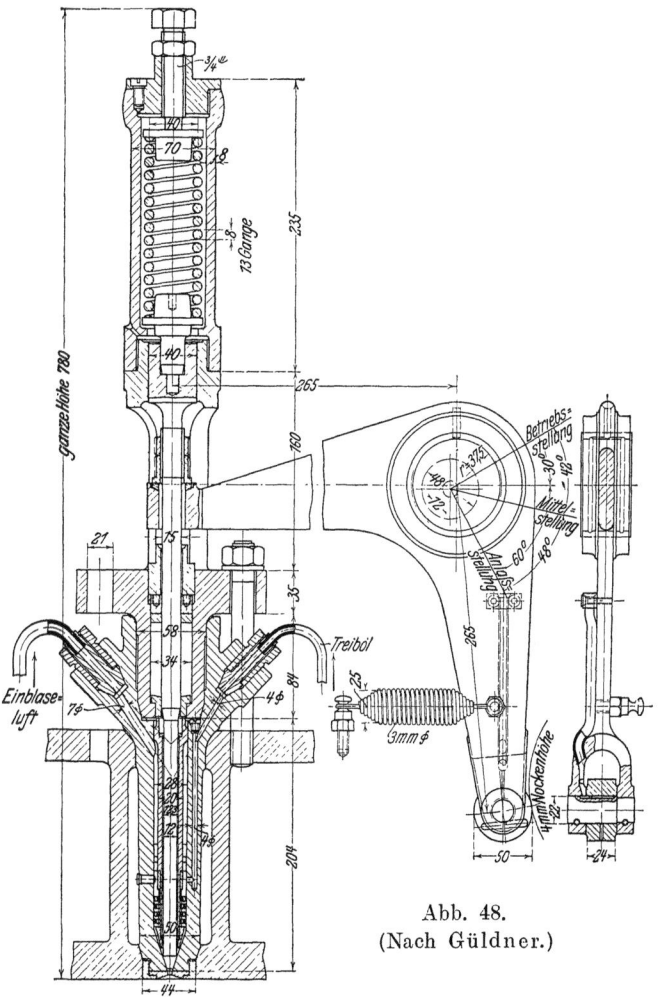

Abb. 48.
(Nach Güldner.)

der längsliegenden Hauptsteuerwelle erhält. A ist das Einlaßventil, B das Auslaßventil, C das Brennstoffventil, D das Anlaßventil. Die Luftpumpe ist im Grundriß längs neben der Steuerwelle erkennbar. E ist das Anlaßgefäß, F das Einblasegefäß,

G der Brennstoffbehälter. Die zugehörigen Rohrleitungen liegen unter Flur in abgedeckten Kanälen.

Von den besonderen Bauteilen der Dieselmaschine gegenüber den Gasmaschinen sind hervorzuheben: Zerstäuber mit Brennstoffventil, Brennstoffpumpe mit Regelung, Luftpumpe.

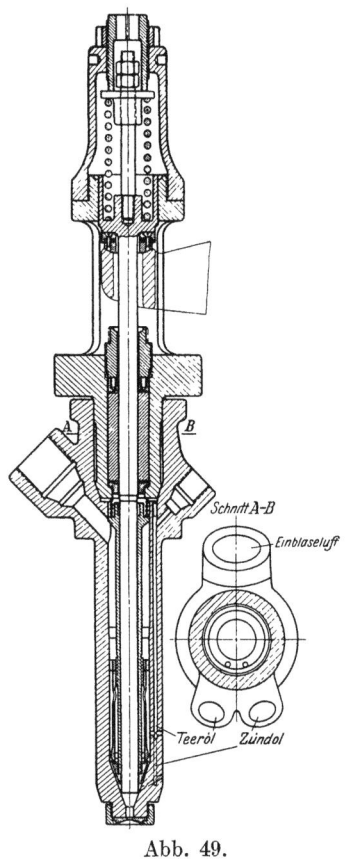

Abb. 49.

a) **Zerstäuber.** Ihre Bauart richtet sich nach dem Brennstoff. Für Brennstoffe wie Paraffinöl, Rohöl usw., die sich in der erhitzten Luft leicht von selbst entzünden, gibt Abb. 48 die Ausführung der Motorenfabrik Deutz wieder. Sie besteht aus einem herausnehmbaren Einsatz, der durch einen Flansch gegen den Zylinderdeckel gepreßt wird und an dessen unterem Ende das Düsenplättchen eingeschraubt ist, der Brennstoffnadel, deren unterer Konus die Öffnung oberhalb des Düsenplättchens verschließt und die während der Einspritzdauer von einem Winkelhebel angehoben wird, und den Zerstäuberplättchen in dem ringförmigen Zwischenraum zwischen Einsatz und Nadel. Diese Plättchen, von denen in der Abbildung vier übereinandergeschichtet sind, tragen abwechselnd versetzte feine Bohrungen; an das unterste Plättchen schließt sich ein Konus mit Längsnuten. Der Einsatz ist mit Bohrungen für Treiböl und Luft versehen, die so geführt sind, daß das für jeden Arbeitshub bestimmte Öl sich auf dem obersten Zerstäuberplättchen absetzt und dauernd unter dem Druck der Einblaseluft steht. Sobald sich die Brennstoffnadel hebt, spritzt das Öl fein verteilt in den Zylinder. Die für jeden Arbeitshub bestimmte Ölmenge wird durch die Brennstoffpumpe gefördert, die unter dem Einfluß des Reglers steht. Der Schluß der Brennstoffnadel erfolgt durch Federdruck. Im übrigen ist die Konstruktion so durchgeführt, daß man nach Abschrauben der

Gleichdruckmaschinen.

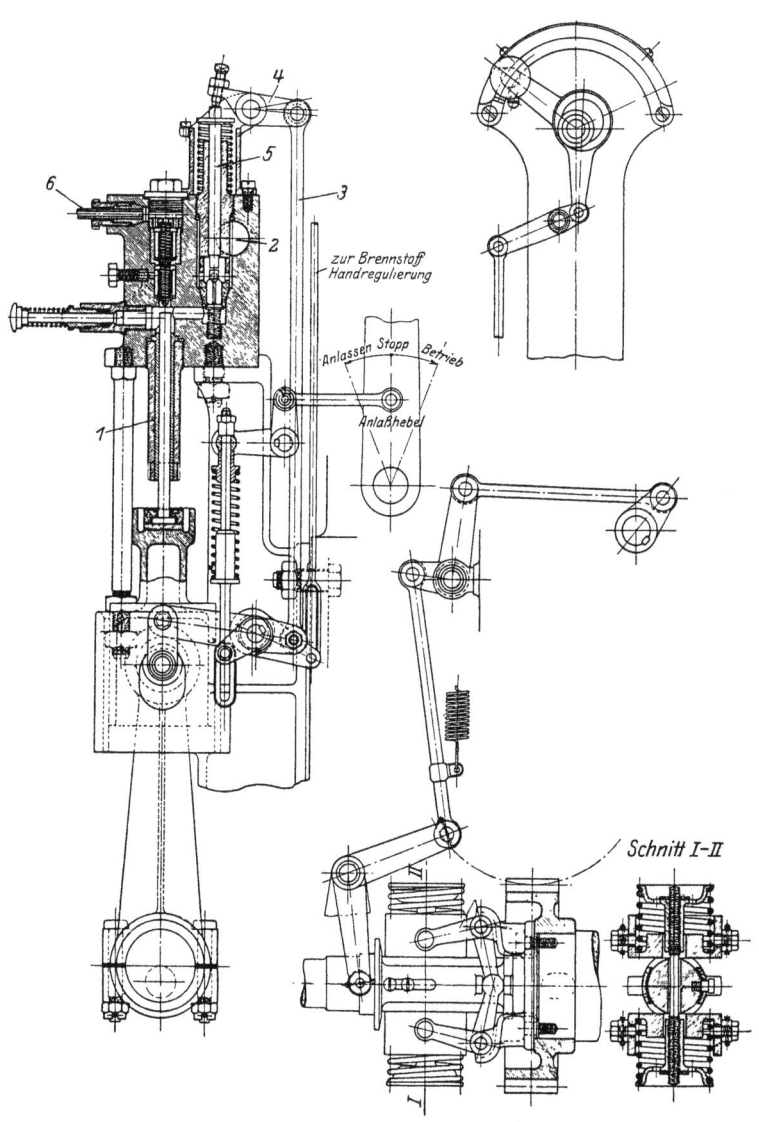

Abb. 50.

Federhülse die Brennstoffnadel ganz herausziehen kann, was jeden Tag zur Reinigung des Konus geschehen muß.

Teeröl entzündet sich schwerer. Die Zerstäuber werden dann nach Abb. 49 (Maschinenfabrik Augsburg-Nürnberg) so eingerichtet, daß zuerst etwas fein zerstäubtes Gasöl oder Paraffinöl als Zündöl eingespritzt wird, an dem sich das dann folgende Teeröl entzündet. Es ist für beide Öle je eine Brennstoffpumpe erforderlich. Die Zündölmenge beträgt etwa 5—10 % des Gesamtbrennstoffs. Aus Abb. 49 ist die ganze Anordnung und die Brennstoff- und Luftzuführung ersichtlich. Die Bohrung für das Zündöl geht etwas tiefer als die Bohrung für das Teeröl, so daß sich das Zündöl vor das Teeröl lagert.

Neuere Ausführungen von Zerstäubern arbeiten ohne Zündöl. Versuche, reinen Teer in Dieselmaschinen zu verbrennen, sind günstig verlaufen.

b) Brennstoffpumpe. In der Ausführung der Maschinenfabrik Augsburg-Nürnberg (Abb. 50) wird der einfachwirkende Kolben 1 durch ein Exzenter angetrieben. Gleichzeitig bewegt die Exzenterstange die Hebelverbindung 3—4. Die Stange 5 hat den Zweck, das Saugeventil von oben aufzustoßen, und es während des Druckhubes kürzere oder längere Zeit offen zu lassen, damit bei kleineren Maschinenleistungen ein größerer Teil des vorher angesaugten Öles wieder zurückfließen kann. Zu diesem Zweck ist der Antriebshebel der Stange 5 beweglich mit dem Regler verbunden. In der tiefsten Reglerstellung bleibt das Saugeventil während des ganzen Druckhubes fast geschlossen, wirkt also rein selbsttätig, so daß die größte Ölmenge gefördert wird. Je höher die Reglerstellung, also je kleiner die Maschinenleistung ist, einen um so größeren Teil des Druckhubes bleibt das Saugeventil g geöffnet und um so kleiner ist die geförderte Ölmenge. Das Druckventil besteht aus zwei übereinander angeordneten selbsttätigen Kegeln. Das bei 2 eintretende Öl tritt bei 6 aus.

c) Luftpumpe. Die in Abb. 42 dargestellte Ausführung der Maschinenfabrik Augsburg-Nürnberg ist zweistufig mit doppeltwirkendem Nieder- und Hochdruckzylinder und gekühltem Aufnehmer zwischen Hoch- und Niederdruck. Die Laufflächen beider Zylinder sind ebenfalls mit Wasser gekühlt. Große Maschinen erhalten auch dreistufige Luftpumpen (Abb. 45), mehrere Maschinen häufig gemeinsame Druckluftanlage.

2. Die kompressorlose Dieselmaschine.

In den letzten Jahren hat man versucht, den Brennstoff ohne Zuhilfenahme von hochgespannter Einblaseluft in so fein verteiltem

Gleichdruckmaschinen.

Zustand einzuspritzen, daß er gleichfalls vollständig verbrennt. Diese Betrebungen, eine Hochdruckluftpumpe entbehrlich zu machen, haben bei verschiedenen Firmen zu guten Erfolgen geführt. Im folgenden sei das Verfahren der Motorenfabrik Deutz angegeben: Abb. 51 zeigt den Längsschnitt durch den Ventilkopf und das hintere Ende von Zylinder und Kolben einer liegenden Viertaktmaschine. Der Kolben trägt hinten eine besonders geformte, wulstartige Erhöhung, die mit geringem Spiel in eine entsprechende Vertiefung des Ventilkopfes paßt. Oben ist das Luft-Einsaugeventil, unten das Auspuffventil angeordnet; die Einführung des Brennöles erfolgt zentral durch die Einspritzdüse. Abb. 52 läßt erkennen, daß beim Fortschreiten der Kolbenbewegung nach links in dem Hohlraum des Ventilkopfes eine ringförmige Verengung entsteht, wodurch die Geschwindigkeit der hindurchströmenden Luft sich allmählich steigert und starke Wirbelung verursacht, die die feine Zerstäubung des Brennstoffes unterstützt. Abb. 53 zeigt den Kolben in seiner linken Totlage in dem Augenblick der Einspritzung des Brennstoffs. Die Regelung der Brennstoffpumpe, also die Anpassung der einzuspritzenden

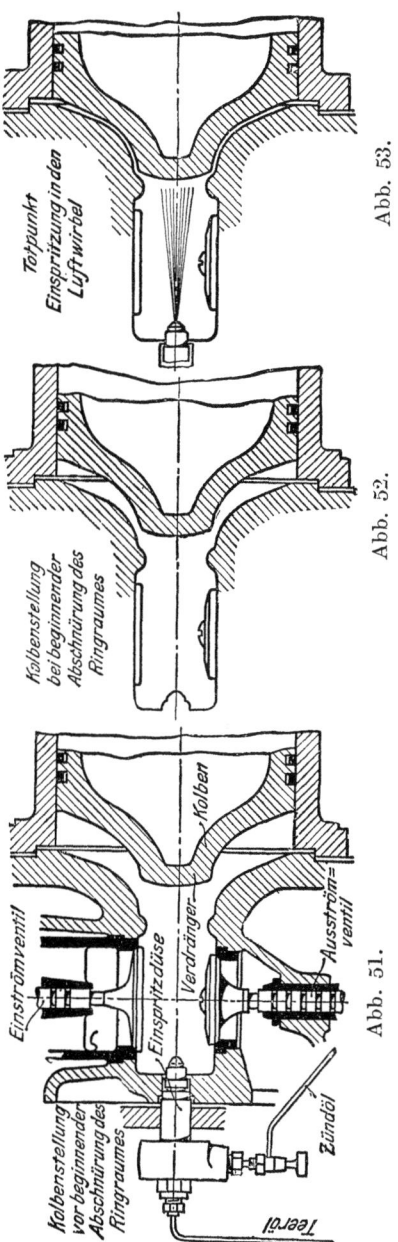

Brennstoffmenge an die augenblickliche Maschinenleistung erfolgt wie früher durch Öffnung einer Umgangsleitung zwischen Sauge- und Druckraum.

Die Ausführung der Maschinenfabrik Augsburg-Nürnberg geht aus Abb. 54 hervor. Diese stellt eine Dreizylindermaschine von 265 bis 350 PS_e bei $n = 167$ bis 250 minutlichen Umdrehungen dar. Die Steuerwelle ist seitlich angeordnet und wird durch Stirnräder von der Kurbelwelle angetrieben. Die

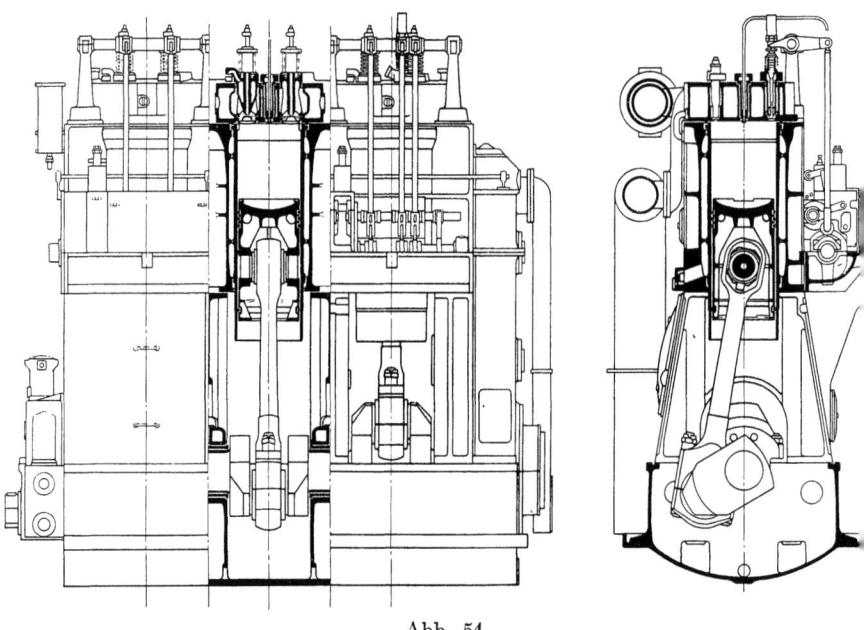

Abb. 54.

Ventile werden mittels unrunder Scheiben, Stoßstangen und zweiarmige Hebel geöffnet und durch Federn geschlossen. Die Brennstoffpumpe und Einspritzdüse ist in Abb. 55 besonders herausgezeichnet[1]). Rechts unten sitzt der Steuerwellennocken, der den Kolben der Brennstoffpumpe nach oben bewegt. Die Bewegung nach unten erfolgt durch Federdruck. Das federbelastete Saugventil sitzt links von der Kolbenachse, das Druckventil senkrecht oberhalb des Kolbens. Mit dem Kolben wird ein Hebel auf und ab bewegt, der auf der ganz rechts ersichtlichen

---
[1]) S. a. Z. d. V. d. I. 1925 S. 1261: W. Laudahn, Abnahmeprüfung eines kompressorlosen MAN-Dieselmotors.

Reglerwelle exzentrisch gelagert ist. Nachdem dieser Hebel einen Teil seines Ausschlages nach oben zurückgelegt hat, stößt er mittels eines federbelasteten Stößels ein Überströmventil auf,

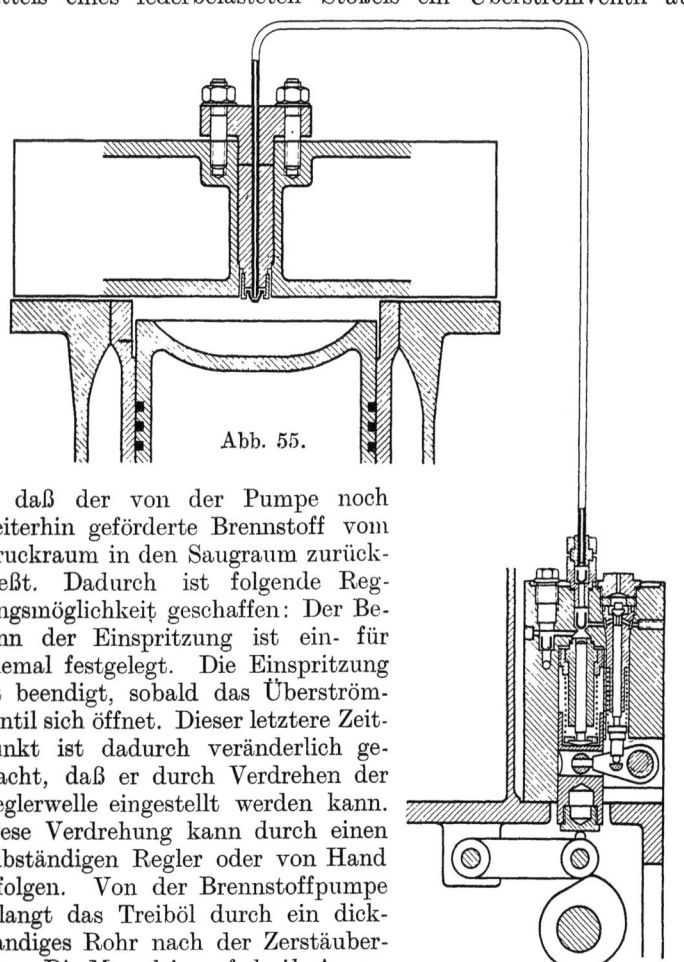

Abb. 55.

so daß der von der Pumpe noch weiterhin geförderte Brennstoff vom Druckraum in den Saugraum zurückfließt. Dadurch ist folgende Reglungsmöglichkeit geschaffen: Der Beginn der Einspritzung ist ein- für allemal festgelegt. Die Einspritzung ist beendigt, sobald das Überströmventil sich öffnet. Dieser letztere Zeitpunkt ist dadurch veränderlich gemacht, daß er durch Verdrehen der Reglerwelle eingestellt werden kann. Diese Verdrehung kann durch einen selbständigen Regler oder von Hand erfolgen. Von der Brennstoffpumpe gelangt das Treiböl durch ein dickwandiges Rohr nach der Zerstäuberdüse. Die Maschinenfabrik Augsburg-Nürnberg baut diesen Motor mit 4—6 Zylindern neuerdings auch als Antriebsmotor für Kraftwagen.

3. Die Gleichdruck-Zweitaktmaschine.

Das Zweitaktverfahren ist hier leichter anwendbar als bei der Gasmaschine, weil die Forderung einer scharfen Scheidung zwischen

Spülluft und neuer Ladung (wie bei den Gasmaschinen notwendig) wegfällt. Die Wirkungsweise ist folgende:

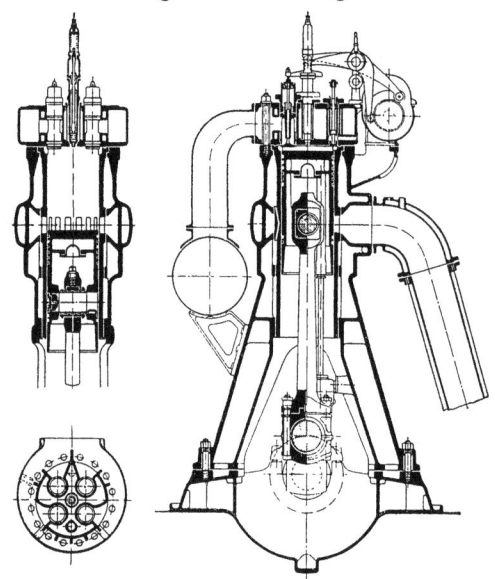

Abb. 56. (Nach Güldner.)

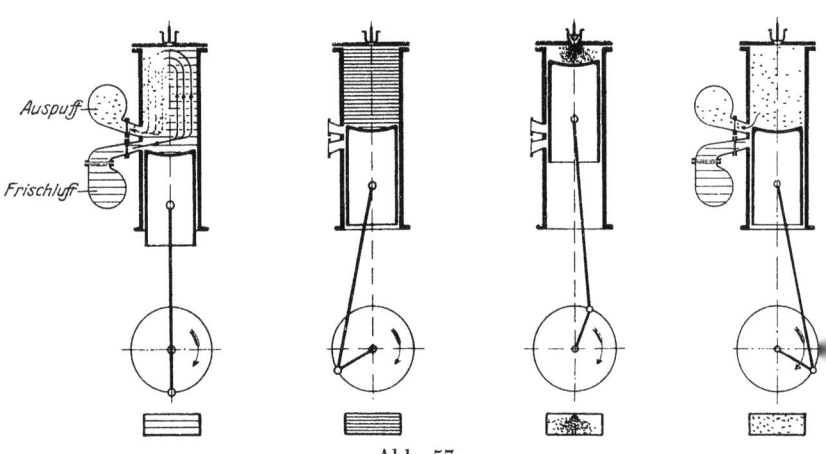

Abb. 57.

Erster Hub: In der in Abb. 56 rechts gezeichneten Stellung sei die vorher eingebrachte Luft auf etwa 35 at verdichtet und

Gleichdruckmaschinen.

dadurch stark erhitzt. Das Brennstoffventil öffnet sich: Verbrennung bei gleichbleibendem Druck, hierauf Expansion. Vor der unteren Totlage (Abb. 56, links) überschreitet der Kolben einen Schlitzkranz mit anschließendem Auspuffwulst und -rohr: Ausgleich mit der Atmosphäre. Hierauf öffnen sich vier, im Deckel untergebrachte, gemeinsam gesteuerte Einlaßventile, durch die Spülluft durch eine besondere Pumpe oder Niederdruckstufe der Maschinenluftpumpe eingedrückt wird, die die Verbrennungsgase durch die Schlitze austreibt. Beim Hochgehen des Kolbens schließt dieser den Schlitzkranz wieder ab, die Einlaßventile schließen sich, worauf die Kompression beginnt. Der Deckel enthält also 6 Ventile, nämlich

4 Einlaßventile,
1 Brennstoffventil,
1 Anlaßventil.

Der Kolbenboden ist durch ein Posaunenrohr mit Wasser gekühlt.

Etwas anders arbeitet das der Maschinenfabrik Augsburg-Nürnberg patentierte, in Abb. 57 dargestellte Verfahren. Die Steuerung für Auspuff, Ausblase- und Frischluft erfolgt mittels des Kolbens durch Schlitzkränze im Zylinder und

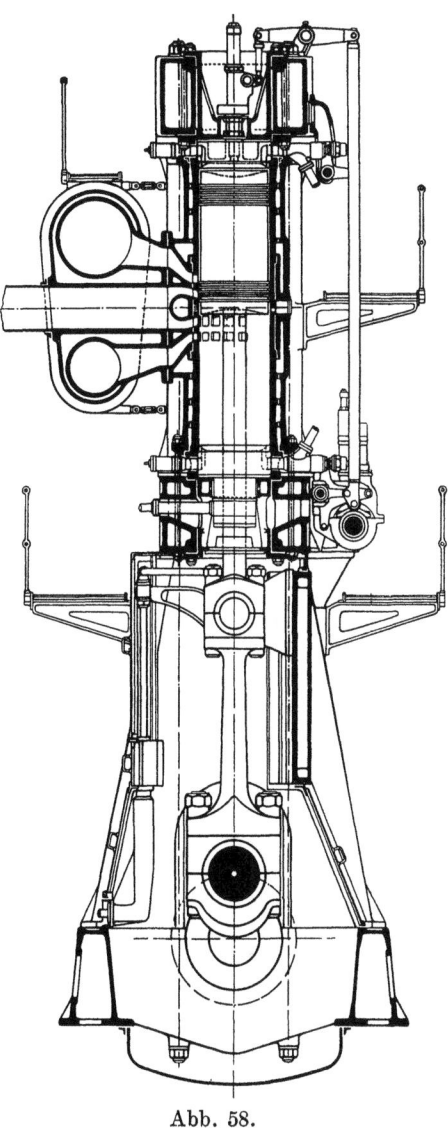

Abb. 58.

an Stelle der Einlaß- und der Auslaßventile im Zylinderdeckel tritt eine Spül- oder Ladepumpe.

1. Hub: Der Kolben geht von der unteren Totlage nach oben um, der Zylinder ist ausgespült und mit Frischluft gefüllt. Der Kolben überschreitet zwei übereinander angeordnete Schlitzkränze, worauf die Kompression beginnt.

2. Hub: Der Kolben ist in der oberen Totlage angelangt, der Brennstoff wird fein zerstäubt eingespritzt oder eingeblasen und verbrennt bei abwärtsgehendem Kolben. Nach Schluß der Einspritzung beginnt die Expansion. Der Kolben überschreitet den oberen Schlitzkranz, der mit dem Auspuffrohr in Verbindung steht (Voraustritt und Auspuff). Der Kolben überschreitet den unteren Schlitzkranz, durch den die Spülluft eintritt, in der durch Pfeile angedeuteten Richtung die Verbrennungsgase austreibt und den Zylinder mit Frischluft füllt. Nach Erreichung der unteren Totlage beginnt das Spiel von neuem.

Die doppelwirkende Bauart für sehr große Leistungen ist in Abb. 58 dargestellt. Die Auspuffrohre für die beiden Kolbenseiten befinden sich senkrecht übereinander links vom Zylinder, das für beide Kolbenseiten gemeinsame Spül- und Frischluftrohr teilt sich kurz vor dem Zylinder in die beiden Schlitzkränze.

4. Die Diesel-Schiffsmaschine.

Die Dieselmaschine für den Antrieb von Schiffsschrauben bietet gegenüber den ortsfesten Maschinen mit Ausnahme der Umsteuerung nichts wesentlich Neues. Den Anstoß zur Ausbildung der Dieselmaschine als Schiffmaschine bis zu ihrer heutigen Vollendung gab der Bau von Unterseebooten, der durch die Dieselmaschine erst ermöglicht wurde. Heute wird die Schiffsdieselmaschine von den kleinsten Abmessungen an bis zu Leistungen von vielen tausend Pferdestärken gebaut, und zwar mit und ohne Kompressor, als einfachwirkende Viertakt- und als einfach- und doppelwirkende Zweitaktmaschine mit 1—8 Zylindern. Direkt umsteuerbare Viertaktmaschinen erhalten mindestens 6 Zylinder, weil sie dann keinen toten Punkt haben und beim Umsteuern in jeder Kurbelstellung anspringen. Bei kleineren Maschinen erfolgt die Umsteuerung durch Zwischenschaltung eines Wendegetriebes oder durch Drehflügelschrauben. Dieselmaschinen sind in großer Zahl eingebaut worden als Hauptmaschinen für See- und Binnenschiffe, Frachtschiffe, Tankschiffe, Verkehrsboote, Schlepper, Fähren, Bagger, sowie als Hilfsmaschinen zum Antrieb von Dynamos, Pumpen und Ventilatoren. Für geringere Drehzahlen wählt man das Zweitaktverfahren, für höhere Drehzahlen den Viertakt.

Gleichdruckmaschinen.

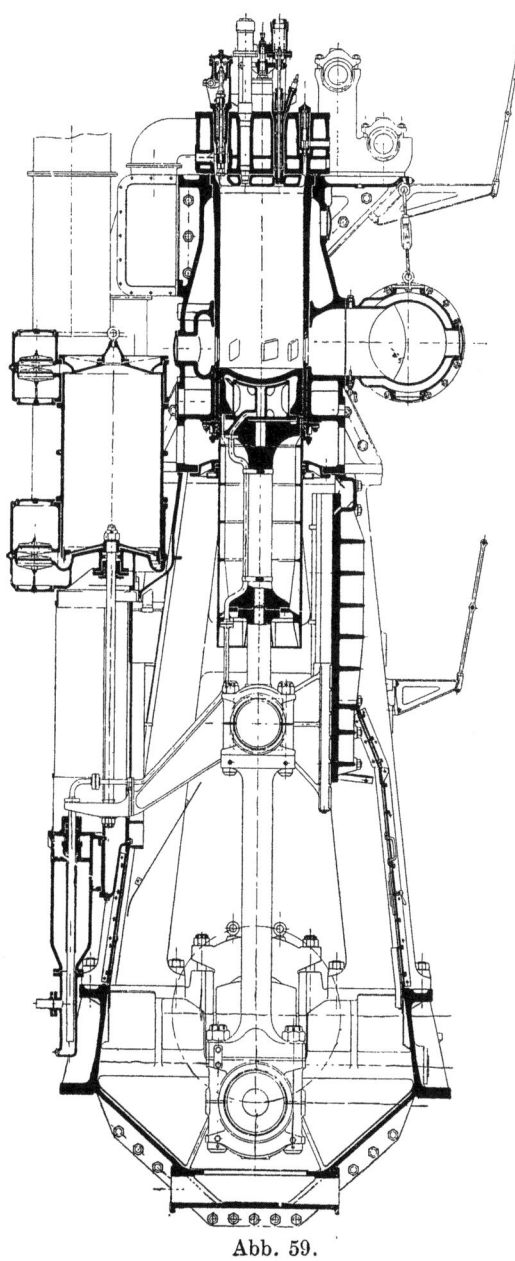

Abb. 59.

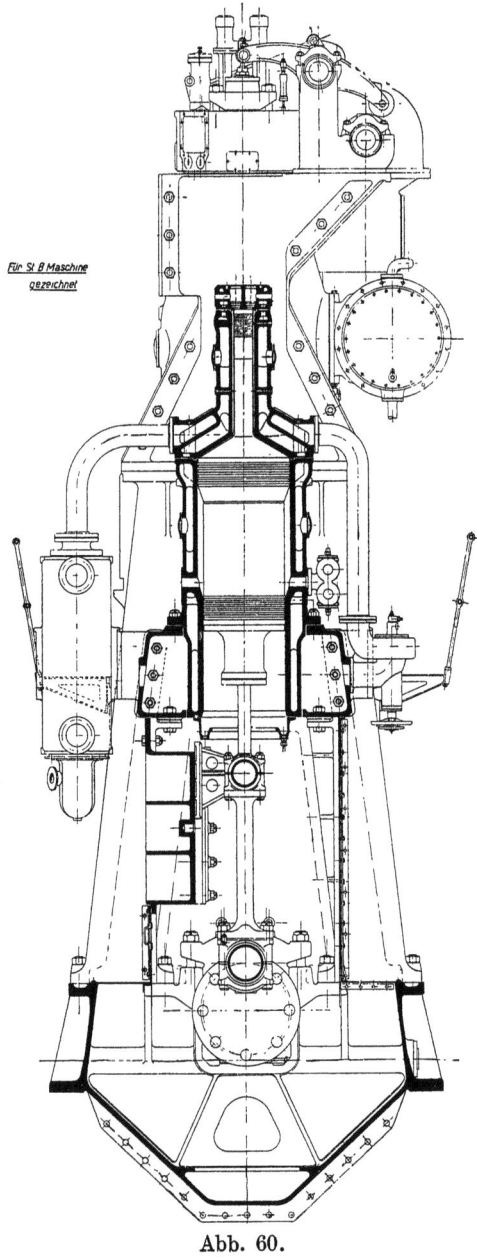

Abb. 60.

Gleichdruckmaschinen.

Über die Wirtschaftlichkeit der Schiffsdieselmaschinen gegenüber der Dampfmaschine schreibt die Germaniawerft Friedr. Krupp, Kiel folgendes: „Die gegenwärtig in der Welt im Bau befindliche Motorschiffstonnage übersteigt wesentlich die in der Ausführung begriffene Dampfschiffstonnage. Die Baukosten der Motorschiffe sind zwar etwa $7-10^0/_0$ höher als die der Dampfschiffe, aber diese Mehrkosten werden schon durch die tatsächliche Mehrtragfähigkeit des Motorschiffes ausgeglichen — ganz abgesehen von den Ersparnissen an Brennstoffkosten und Maschinenpersonal. Die Ersparnis an Maschinenpersonal beträgt für kleinere Motorschiffe etwa $40^0/_0$ und für größere etwa $55^0/_0$. Der Brennstoff der Motorschiffe ist in mehr als 200 Häfen in allen Teilen der Welt zu haben, so daß Bunkermöglichkeit überall vorhanden ist. Das Motorschiff wird aber jeweils nur in solchen Häfen seiner Fahrt bunkern, wo der Brennstoff am billigsten ist, und zwar gleichzeitig für die Hin- und Rückfahrt. Letzteres ist möglich, da das Brennstoffgewicht des Motorschiffes nur $1/_4$ bis $1/_5$ des Kohlengewichtes des Dampfschiffes ausmacht und der flüssige Zustand die Unterbringung in Doppelböden usw. zuläßt. Allgemein kann man annehmen, daß die Betriebskosten des Motorschiffes einschließlich Verzinsung, Abschreibung und Instandhaltung etwa $20^0/_0$ niedriger als die des Dampfschiffes sind."

Da die Besprechung der Umsteuerungen einem besonderen Abschnitt vorbehalten ist, seien im folgenden zwei Typen von Schiffsmaschinen der Krupp-Germaniawerft Kiel in ihrem allgemeinen Aufbau behandelt.

Abb. 59 zeigt einen Längsschnitt durch eine langhubige, einfachwirkende Zweitakt-Vierzylindermaschine mit Kompressor von 1500 PS$_e$ mit n = 90. Die Ausspülung und Füllung erfolgt hier durch besondere Spülventile ähnlich wie in Abb. 56, der Auspuff durch einen Schlitzkranz. Die Maschine besitzt besondere Kreuzkopfführung; der Kreuzkopf treibt nicht mit Balanzier, sondern durch einen feststehenden Arm die links befindliche Spülpumpe sowie das Posaunenrohr für die Schmierung an. Abb. 60 gibt besonders den Längsschnitt durch die dreistufige Luftpumpe wieder. Aus Abb. 61 ist der äußerst einfache Aufbau einer doppeltwirkenden Zweitakt-Dreizylindermaschine von 3600 PS$_e$ und n = 90 zu ersehen; die Einspritzung des Brennstoffes erfolgt ohne Kompressor, die Anlaßventile werden mittels Öldrucksteuerung betätigt, so daß keine besondere Steuerwelle erforderlich ist.

Ein weiteres vielversprechendes Anwendungsgebiet für die Dieselmaschine ist der Lokomotivbau. Das Verdienst, die Dieselmaschine hier erfolgreich eingeführt zu haben, gebührt

54 Wirkungsweise der Verbrennungskraftmaschinen.

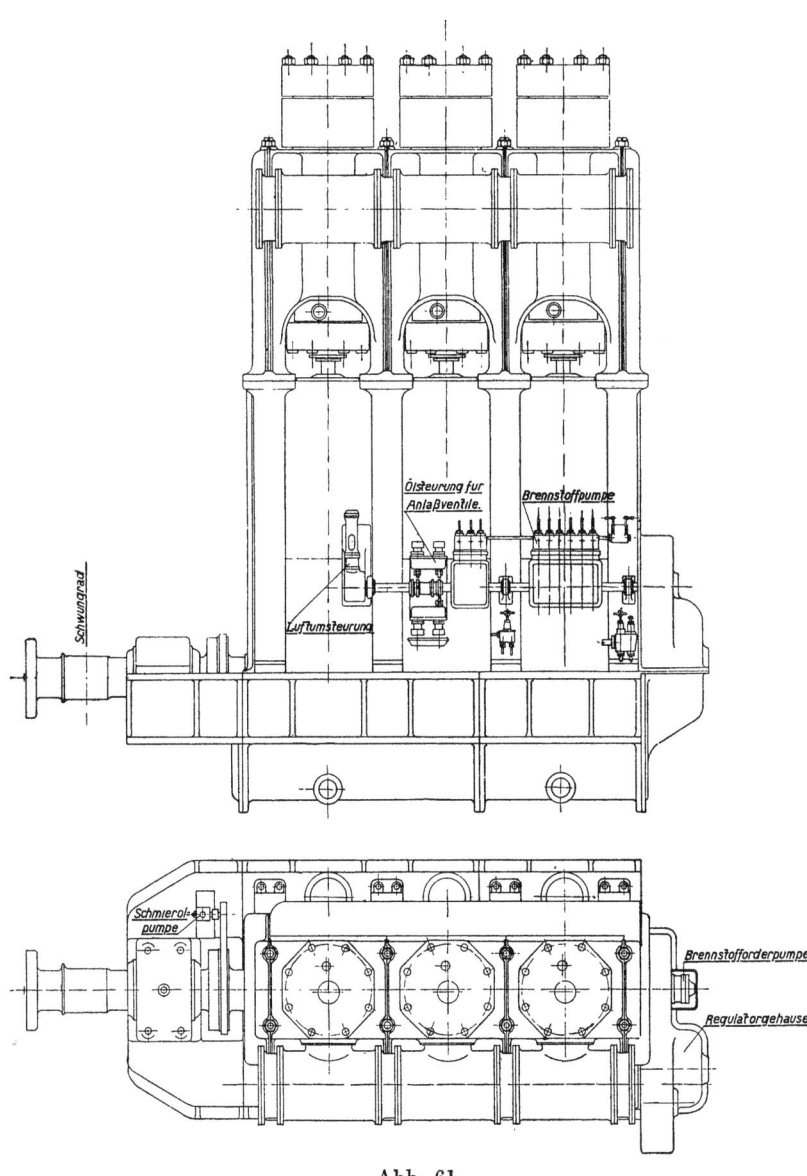

Abb. 61.

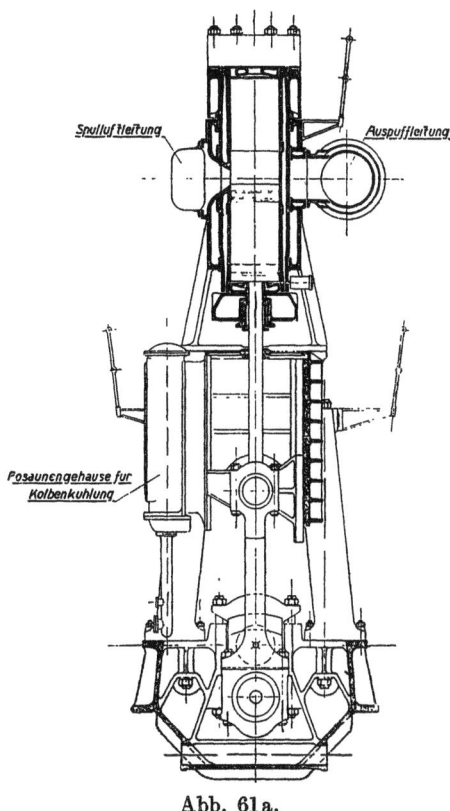

Abb. 61a.

den Firmen Maschinenfabrik Augsburg-Nürnberg und Gebr. Sulzer, Winterthur.

II. Berechnung der Hauptabmessungen.
A. Zylinder.

Die für die Größe des Zylinders maßgebenden Abmessungen sind:
    Zylinderdurchmesser   D
    Kolbenhub   s
    Minutliche Drehzahl   n bzw.
    ,,   Zündzahl $z = \dfrac{n}{2}$

Gegeben ist gewöhnlich die
  Nutzleistung N_e in PS und die
  minutliche Drehzahl n.

Angenommen wird das
  Hubverhältnis $\frac{s}{D}$, der
  mechanische Wirkungsgrad η_m und der
  mittlere Kolbendruck p_m in kg/qcm.

a) **Vereinfachte Berechnung mit Hilfe des mittleren Druckes** p_m. Nach S. 8 ist für jede arbeitende Kolbenseite einer Viertaktmaschine:

$$N_i = \frac{F \cdot p_m \cdot s \cdot n}{120 \cdot 75},$$

wobei F in qcm, p_m in kg/qcm und s in m einzusetzen ist.

Zunächst ist N_i auf dem gegebenen N_e mit angenommenem η_m zu berechnen; also

$$N_i = \frac{N_e}{\eta_m}$$

Der mechanische Wirkungsgrad η_m kann bei Normalleistung je nach Größe der Maschine und Güte der Ausführung zu $\eta_m = 0{,}75$ bis 0,8 angenommen werden.

Setzt man $F = \frac{D^2 \pi}{4}$ (mit D in cm) und nach

$$\frac{100\, s}{D} = k$$

$$s = \frac{k \cdot D}{100}, \text{ dann wird}$$

$$N_i = \frac{\frac{D^2 \pi}{4} \cdot p_m \cdot \frac{k \cdot D}{100} \cdot n}{120 \cdot 75}; \text{ hieraus}$$

Zylinderdurchmesser $\quad D = \sqrt[3]{\dfrac{4 \cdot 120 \cdot 75 \cdot 100 \cdot N_i}{\pi \cdot p_m \cdot k \cdot n}}$

$$= 105 \sqrt[3]{\frac{N_i}{p_m \cdot k \cdot n}} \text{ cm}$$

Kolbenhub $\quad s = k \cdot D$

Kolbengeschwindigkeit $\quad v_k = \dfrac{s \cdot n}{30}$

Zylinder.

Bei doppeltwirkenden und mehrzylindrigen Maschinen ist für N_i der auf eine arbeitende Kolbenseite treffende Teil der indizierten Gesamtleistung zu setzen.

Für p_m kann man annehmen:

Bei Leuchtgas $p_m = 3{,}5$—$5{,}5$ at
„ Kraftgas $p_m = 3{,}0$—$5{,}0$ „
„ Benzin $p_m = 4{,}0$—$5{,}5$ „

In der Wahl von p_m liegt eine große Unsicherheit dieser Rechnungsweise; deshalb ist sie nur für Überschlagsrechnungen brauchbar.

Beispiel: Die Hauptabmessungen einer zweizylindrigen, doppeltwirkenden Hochofengasmaschine sind für $N_e = 1000$ PS und $n = 120$ überschlägig zu berechnen.

Angenommen: $\eta_m = 0{,}8$
$k = 1{,}5$
$p_m = 5{,}0$ at

Berechnet: $N_i = \dfrac{N_e}{\eta_m} = \dfrac{1000}{0{,}8} = \mathbf{1250\ PS}.$

Auf jede arbeitende Kolbenseite treffen

$$N_i' = \frac{N_i}{4} = \frac{1250}{4} = 313\ \text{PS}.$$

$$D = 105\sqrt[3]{\frac{N_i'}{p_m \cdot k \cdot n}} = 105\sqrt[3]{\frac{313}{5{,}0 \cdot 1{,}5 \cdot 120}}$$
$= 74$ cm $\sim \mathbf{740\ mm}$

$s = k \cdot D = 1{,}5 \cdot 740 = \mathbf{1100\ mm}$

$v_k = \dfrac{s \cdot n}{30} = \dfrac{1{,}1 \cdot 120}{30} = \mathbf{4{,}4\ m/sek}$

Genauere Berechnung mit Hilfe des Luftbedarfes. Nach dem 2. Hauptsatz der mechanischen Wärmetheorie kann Wärme niemals vollständig in mechanische Arbeit umgewandelt werden, sondern es muß stets ein Teil Q_2 der zugeführten Wärmemenge Q_1 als Wärme wieder abgeführt werden. Je größer der Bruch

$$r_{th} = \frac{Q_1 - Q_2}{Q_1} \quad \text{(thermischer Wirkungsgrad)[1]}$$

ist, desto besser ist die Wärmeausnützung. Ein Teil der als mechanische Arbeit an den Kolben mitgeteilten Energie wird innerhalb der Maschine durch Reibung wieder in Wärme zurückverwandelt. Bezeichnet man mit

---
[1] Siehe auch Sechster und Siebenter Teil.

B die Brennstoffmenge für 1 PS_e-Std
 für Gase in cbm bei 0^0 und 760 mm
 ,, Flüssigkeiten in kg,
632 WE die theoretisch für 1 PS_e-Std
 erforderliche Wärmemenge
H WE den Brennstoffheizwert
 für 1 cbm Gas oder
 ,, 1 kg Flüssigkeit,

dann versteht man unter dem **wirtschaftlichen Wirkungsgrad** das Verhältnis

$$\eta_w = \frac{\text{Theoretische Wärmemenge für 1 PS}_e\text{-Std}}{\text{Aufgewendete Wärmemenge für 1 PS}_e\text{-Std}} \text{ oder}$$

$$\eta_w = \frac{632}{B \cdot H}$$

Bezeichnet man den gesamten stündlichen Brennstoffverbrauch für N_e PS mit Cs

 in cbm für gasförmige Brennstoffe
 ,, kg ,, flüssige ,,

dann ist $$B = \frac{C_s}{N_e} \text{ und}$$

$$\eta_w = \frac{632}{\frac{C_s}{N_e} \cdot H}; \text{ hieraus}$$

Stündliche Brennstoffmenge $$C_s = \frac{632 \cdot N_e}{\eta_w \cdot H}$$

Hieraus kann die durch einen Saugehub anzusaugende **Luftmenge** und damit der **Kolbenwegraum** berechnet werden, sobald die Luftmenge L für 1 cbm gasförmigen oder 1 kg flüssigen Brennstoffes bekannt ist. Diese läßt sich theoretisch aus der chemischen Zusammensetzung des Brennstoffes berechnen. Aus ähnlichen Gründen wie bei einer Dampfkesselfeuerung kommt man jedoch mit der theoretischen Luftmenge nicht aus, sondern muß Luft im Überschuß zuführen. Die Luftmengen für die wichtigsten Brennstoffe enthält die Zahlentafel S. 60.

Da die Maschine in der Stunde $\left(60 \cdot \frac{n}{2}\right)$ Saugehübe ausführt, ist der **Brennstoffbedarf für den Saugehub**

Zylinder.

$$C_h = \frac{C_s}{60 \cdot \frac{n}{2}} = \frac{632 \cdot N_e}{\eta_w \cdot H \cdot 60 \cdot \frac{n}{2}}$$

und der Luftbedarf für den Saugehub in cbm

$$L_h = C_h \cdot L = \frac{632 \cdot N_e \cdot L}{\eta_w \cdot H \cdot 60 \cdot \frac{n}{2}} = \frac{21{,}07 \cdot N_e \cdot L}{\eta_w \cdot H \cdot n}$$

Die zu entwickelnde Formel für den Zylinderdurchmesser wird für **gasförmige** und flüssige Brennstoffe verschieden.

a) Gasförmige Brennstoffe. Während eines Saugehubes kommt eine Gemischmenge

$$v'_0 = (C_h + L_h) \text{ cbm}$$

in den Zylinder, welche theoretisch gleich dem Kolbenwegraum

$$v_0 = \frac{D^2 \pi}{4} \cdot s$$

sein müßte, wobei D und s in m gemessen gedacht sind. Weil sich aber die Ladung beim Einsaugen erwärmt und durch Reibung eine Druckverminderung erfährt, vergrößert sich ihr Volumen und der Kolbenwegraum v_0 muß größer sein als das bei 0^0 und 760 mm gemessene gedachte Volumen v'_0; das Verhältnis

$$\frac{v'_0}{v_0} \text{ sei} = \eta_v; \text{ hieraus}$$

$$v_0 = \frac{v'_0}{\eta_v} = \frac{C_h + L_h}{\eta_v} = \frac{C_h + C_h \cdot L}{\eta_v} = \frac{C_h(1+L)}{\eta_v} = \frac{21{,}07 \cdot N_e(1+L)}{\eta_v \cdot \eta_w \cdot H \cdot n}$$

Setzt man $s = k \cdot D$, dann wird auch

$$v_0 = \frac{D^2 \pi}{4} \cdot k \cdot D; \text{ also}$$

$$\frac{D^3 \pi \cdot k}{4} = \frac{21{,}07 \, N_e \, (1+L)}{\eta_v \cdot \eta_w \cdot H \cdot n};$$

hieraus Zylinderdurchmesser (in m)

$$D = \sqrt[3]{\frac{26{,}84 \cdot N_e \cdot (1+L)}{\eta_v \cdot \eta_w \cdot H \cdot n \cdot k}}$$

b) Flüssige Brennstoffe. Hier kann das Brennstoffvolumen gegenüber dem Luftvolumen vernachlässigt werden, also

Heizwert, Luftbedarf und wirtschaftlicher Wirkungsgrad gasförmiger und flüssiger Brennstoffe.

Spalte	1	2	3	4		5		6		7		8		9	
Die eingeklammerten Gewichtsbezeichnungen in den Spaltenköpfen 1–9 gelten für flüssige und feste Brennstoffe	Unterer Heizwert für 1 cbm (1 kg) H_{WE}	theoret. für 1 cbm (1 kg) cbm	wirklich für 1 cbm (1 kg) cbm	\multicolumn{12}{c}{Brennstoffverbrauch B für 1 PSe-Std (bez. auf 1 at abs und 15° C), wenn die Nennleistung beträgt:}											
		Luftbedarf		5 PSe		10 PSe		25 PSe		50 PSe		100 PSe		≥ 200 PSe	
				B cbm (kg)	η_w	B cbm (kg)	η_w	B cbm (kg)	η_w	B cbm (kg)	η_w	B cbm (kg)	η_w	B cbm (kg)	η_w
Leuchtgas arm	4500	5,0	7,5	0,63	} 0,22	0,58	} 0,24	0,54	} 0,26	0,525	} 0,27	0,5	} 0,28	0,485	} 0,29
gewöhnlich	{ 5000 / 5500 }	bis	bis	{ 0,57 / 0,52 }		{ 0,52 / 0,48 }		{ 0,48 / 0,44 }		{ 0,47 / 0,43 }		{ 0,45 / 0,42 }		{ 0,435 / 0,40 }	
reich	6000	6,0	9,0	0,475		0,44		0,40		0,39		0,4		0,365	
Kraftgas bezogen auf Anthrazit [1]	7500	—	—	—	—	—	0,15	—	0,17	—	0,19	—	0,21	—	0,22
dessen Gas	1250	{ 0,9 / 1,1 }	1,5	—	—	2,7	0,19	2,4	0,21	2,2	0,23	2,1	0,24	2,0	0,26
Koks [1]	7000	—	—	—	—	0,65	0,14	0,56	0,16	0,50	0,18	0,45	0,20	0,41	0,22
dessen Gas	1150	{ 0,85 / 1,0 }	1,25	—	—	2,9	0,19	2,6	0,21	2,4	0,23	2,3	0,24	2,2	0,25
Braunkohlenbrikett [1]	4800	—	—	—	—	—	—	—	0,18	—	0,20	—	0,21	—	0,22
dessen Gas	1150	{ 0,9 / 1,0 }	1,3	—	—	—	—	2,5	0,22	2,4	0,23	2,3	0,24	2,2	0,25
Hochofengas (Gichtgas)	950	0,75	{ 0,9 / 1,0 }	—	—	—	—	—	—	2,8	0,24	2,65	0,25	2,55	0,26
Koksofengas	4500	5,3	7,0	—	—	—	—	—	—	0,60	0,23	0,55	0,26	0,25	0,27
Petroleum (Verpuffungsmaschine)	10500	11,5	{ 16 / 22 }	0,50	0,12	0,46	0,13	0,40	0,15	—	—	—	—	—	—
Rohöl (Gleichdruckmaschine)	10000	11,0	{ 18 / 20 }	0,24	0,26	0,22	0,29	0,20	0,32	0,19	0,33	0,185	0,34	0,185	0,34
Benzin	11000	11,5	{ 15 / 17 }	0,29	0,20	0,26	0,22	0,25	0,23	—	—	—	—	—	—
Benzol (Ergin u. dgl.)	9500	9,5	{ 10 / 15 }	0,28	0,24	0,26	0,26	0,24	0,27	0,23	0,29	—	—	—	—
Rohspiritus von 90° Vol. %	5700	6,0	{ 8 / 12 }	0,48	0,23	0,45	0,25	0,43	0,26	—	—	—	—	—	—

[1] Bei Sauggasanlagen einschl. 8—12 % eines vollen Tagesverbrauches für Anheizen und Durchbrand.

Zylinder.

$$D = \sqrt[3]{\frac{26{,}84 \cdot N_e \cdot L}{\eta_v \cdot \eta_w \cdot H \cdot n \cdot k}}$$

Bei doppeltwirkenden und mehrzylindrigen Maschinen bedeutet N_e wieder die Leistung je einer arbeitenden Zylinderseite.

Zahlentafel für η_v.

Langsam laufende Maschinen	Einlaßventil gesteuert	$\eta_v =$	0,87—0,90
	„ selbsttätig		0,80—0,85
Schnellaufende Maschinen	„ gesteuert		0,78—0,83
	„ selbsttätig		0,65—0,75
Sehr schnell laufende Wagenmaschinen			0,50—0,65

Beispiele: 1. Einfachwirkende, einzylindrige **Kraftgasmaschine** mit Koksgenerator.

Gegeben: $N_e = 25$ PS
$n = 200$
$H = 1150$ WE/cbm
Angenommen: $k = 1{,}5$
$L = 1{,}25$ cbm/cbm
$\eta_v = 0{,}8$
$\eta_w = 0{,}2$

Berechnet:

Zylinderdurchmesser $D = \sqrt[3]{\dfrac{26{,}84 \cdot N_e(1+L)}{\eta_v \cdot \eta_w \cdot H \cdot n \cdot k}} = \sqrt[3]{\dfrac{26{,}84 \cdot 25 \cdot 2{,}25}{0{,}8 \cdot 0{,}2 \cdot 1150 \cdot 200 \cdot 1{,}5}}$
$= 0{,}302$ m $\sim$ **300 mm**

Hub $s = 1{,}5\, D = 1{,}5 \cdot 0{,}30 = \mathbf{0{,}45\ m}$

Kolbengeschwindigkeit $v_k = \dfrac{s \cdot n}{30} = \dfrac{0{,}45 \cdot 200}{30} = \mathbf{3{,}0\ m/sek.}$

2. Zweizylindrige doppeltwirkende **Hochofengasmaschine** (wie Beispiel S. 57).

Gegeben: $N_e = 1000$ PS
$n = 120$
$H = 950$ WE/cbm
Angenommen: $k = 1{,}5$
$L = 0{,}95$ cbm/cbm
$\eta_v = 0{,}88$
$\eta_w = 0{,}26$

Berechnet: $N'_e = \dfrac{1000}{4} = 250$ PS

Zylinderdurchmesser $D = \sqrt[3]{\dfrac{26{,}84 \cdot 250 \cdot 1{,}95}{0{,}88 \cdot 0{,}26 \cdot 950 \cdot 120 \cdot 1{,}5}} = 0{,}695\,\text{m} = \mathbf{700\ mm}$

Hub $s = 1{,}5 \cdot 0{,}7 = \mathbf{1{,}05\ m}$

Kolbengeschwindigkeit $v_k = \dfrac{1{,}05 \cdot 120}{30} = \mathbf{4{,}2\ m/sek.}$

3. Zweizylindrige, stehende, einfachwirkende **Dieselmaschine.**

Gegeben: $N_e = 200$ PS
$n = 180$
$H = 10000$ WE/kg

Angenommen: $k = 1,5$
$L = 19$ cbm/kg
$\eta_v = 0,8$
$\eta_w = 0,34$

Berechnet: $N'_e = \dfrac{200}{2} = 100$ PS

Zylinderdurchmesser $D = \sqrt[3]{\dfrac{26{,}84 \cdot 100 \cdot 20}{0{,}8 \cdot 0{,}34 \cdot 10000 \cdot 180 \cdot 1{,}5}} = 0{,}418$ m $\sim$ **420 mm**

Hub $s = 1{,}5 \cdot 0{,}42 \cong 0{,}65$ m

Kolbengeschwindigkeit $v_k = \dfrac{0{,}65 \cdot 180}{30} = 3{,}9$ m/sek.

4. Vierzylindrige, einfachwirkende **Automobilmaschine.**

Gegeben: $N_e = 40$ PS
$n = 1400$
$H = 9500$ WE/kg

Angenommen: $k = 1,2$
$L = 15$ cbm/kg
$\eta_v = 0,6$
$\eta_w = 0,24$

Berechnet: $N'_e = \dfrac{40}{4} = 10$ PS

Zylinderdurchmesser $D = \sqrt[3]{\dfrac{26{,}84 \cdot 10 \cdot 16}{0{,}6 \cdot 0{,}24 \cdot 9500 \cdot 1400 \cdot 1{,}2}} = 0{,}124$ m $\sim$ **125 mm**

Hub $s = 1{,}2 \cdot 0{,}125 = 0{,}15$ m

Kolbengeschwindigkeit $v_k = \dfrac{0{,}15 \cdot 1400}{30} = 7{,}0$ m/sek.

Die Wandstärke s des Zylinders kann nach folgenden empirischen Formeln berechnet werden:

Verpuffungsmaschinen: $s = 0{,}05\, D + 0{,}5$ bis $1{,}0$ cm,
Gleichdruckmaschinen: $s = 0{,}085\, D + 0{,}5$ bis $1{,}0$ cm.

B. Ventile.

Der Baustoff für die Ventilgehäuse ist Gußeisen, für die Ventile selbst härteres Gußeisen, Flußstahl oder Nickelstahl. Die Ventile werden als Tellerventile mit kegelförmiger Dichtungsfläche

Ventile.

(Neigungswinkel $\sim 45^0$) ausgeführt; eine Ausnahme bilden die Mischventile, die gewöhnlich zweisitzig ausgebildet werden (auch mit Überdeckung oder auch als Rohrschieber), ferner die Brennstoffventile (-nadeln) der Dieselmaschine. Die Einlaßventile werden entweder mit der Spindel aus einem Stück hergestellt (Flußstahl) oder verschraubt und durch einen vernieteten Stift gesichert. Die Auslaßventile werden häufig hohl ausgeführt, und es werden nicht nur die Ventilgehäuse, sondern auch die Ventile selbst mit Wasser gekühlt.

Ein Mischventil der Gutehoffnungshütte ist in Abb. 62 dargestellt. Das Gas wird durch ein zweisitziges Ventil, die Luft durch zwei Rohrschieber gesteuert. Die hohle Spindel umfaßt die Spindel des Einlaßventiles. Häufig wird auch nur das Steuerorgan für die Luft mit dem Einlaßventil verbunden, während das Gasventil als gewöhnliches Doppelsitzventil neben dem Luftventil sitzt. Bei kleineren Maschinen kann das Mischventil auch selbsttätig arbeiten (Abb. 7).

Abb. 63 zeigt ein Einlaßventil von Haniel und Lueg in Düsseldorf-Grafenberg mit besonders eingesetzter und gesicherter Spindel; Abb. 64 ein Auslaßventil von Thyssen u. Co. in Mülheim-Ruhr, bei dem die hohle Spindel mit dem Ventil aus einem Stück Stahl gegossen und das innen mit Wasser gekühlt ist; der Wasserabfluß erfolgt durch ein Rohr im Inneren der Spindel.

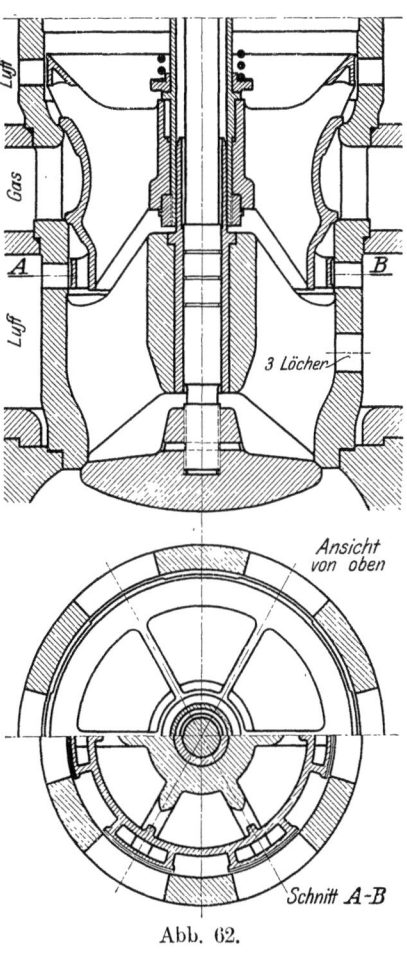

Abb. 62.

In Abb. 29 ist ein Misch- und Einlaßventil der Maschinenfabrik Augsburg-Nürnberg wiedergegeben.

Die **Berechnung** der Ventile geschieht nach Abb. 65 wie folgt:

Bei Vernachlässigung der Ventilspindel ist der Durchgangsquerschnitt senkrecht zur Spindel

$$f = \frac{d^2 \pi}{4},$$

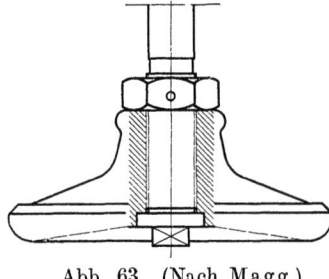

Abb. 63. (Nach Magg.)

Hat sich das Ventil um die Höhe h gehoben, dann ist der Spaltquerschnitt ohne Berücksichtigung des Neigungswinkels γ

$$f' = d\pi \cdot h;$$

soll $f = f'$ sein, dann muß

$$\frac{d^2\pi}{4} = d\pi \cdot h \text{ oder}$$

$$h = \frac{d}{4} \text{ sein.}$$

Mit Berücksichtigung von γ wird

$$f' = d\pi \cdot h \cos \gamma; \text{ also}$$

$$h = \frac{d}{4 \cos \gamma};$$

für $\gamma = 45°$ wird $\cos \gamma = 0{,}707$; also

$$h = \frac{d}{4 \cdot 0{,}707} \cong \frac{d}{3}.$$

Dieser große Hub läßt sich mit Rücksicht auf die zum Öffnen und Schließen der Ventile zur Verfügung stehende Zeit und auf die damit verbundenen großen Beschleunigungskräfte nicht ausführen, sondern man muß für den Durchgang durch die Ventilfläche und durch den Spalt verschieden große Geschwindigkeiten in den Kauf nehmen. Im allgemeinen kann man setzen:

Mittlere Durchgangsgeschwindigkeit durch die Ventilfläche

bei Einlaßventilen 25—35 m/sek
„ Auslaßventilen 30—40 m/sek

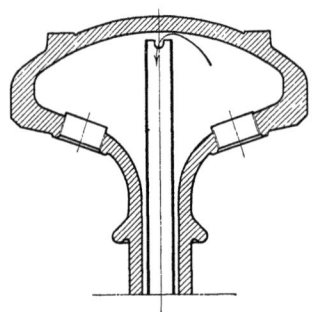

Abb. 64. (Nach Magg.)

Mittlere Spaltgeschwindigkeit bei vollem Hub

bei Einlaßventilen 40—50 m/sek,
„ Auslaßventilen 40—60 m/sek.

Die kleineren Werte gelten für kleinere, die größeren für größere Maschinen. Alle Geschwindigkeiten sind auf mittlere Kolbengeschwindigkeiten bezogen. Das Verhältnis des Hubes zum Ventildurchmesser beträgt

$$\frac{h}{d} = \frac{1}{4} \sim \frac{1}{6};$$

bei Schnelläufern bis

$$\frac{h}{d} \sim \frac{1}{10}.$$

Bezeichnet man
  den Zylinderdurchmesser mit D cm
  die mittlere Kolbengeschwindigkeit
    mit v_k m/sek,
  die mittlere Gasgeschwindigkeit mit
    c m/sek,
dann ist

$$\frac{D^2 \pi}{4} \cdot v_k = \frac{d^2 \pi}{4} \cdot c; \text{ hieraus}$$

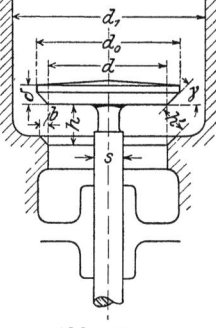

Abb. 65.
(Nach Güldner.)

Ventilquerschnitt $\dfrac{d^2 \pi}{4} = \dfrac{D^2 \pi}{4} \cdot \dfrac{v_k}{c}$

Ferner ist

$$\frac{D^2 \pi}{4} \cdot v_k = d \pi \cdot h \cos \gamma \cdot c'$$

mit angenommenem Hub h läßt sich hieraus die mittlere Spaltgeschwindigkeit c' nachrechnen. Die größte Spaltgeschwindigkeit ergibt sich wie folgt: Die allgemeine Formel für die Kolbengeschwindigkeit lautet:

$v'_k = v \sin \varphi \, (1 \pm \dfrac{R}{l} \cos \varphi)$, in der

$v = \dfrac{s \pi n}{60}$ die Umfangsgeschwindigkeit des Kurbelzapfens

φ der Kurbeldrehwinkel

$R = \dfrac{s}{2}$ der Kurbelradius

l die Schubstangenlänge

$\dfrac{R}{l}$ meistens $= \dfrac{1}{5}$ bis $\dfrac{1}{4,5}$ ist.

Die größte Kolbengeschwindigkeit ergibt sich genügend genau für
$$\varphi = 90°; \text{ also}$$
$$v_{k_{max}} = v \sin 90° \left(1 + \frac{R}{l} \cos 90°\right) = v$$

Der Vergleich zwischen
$$v_{k_{max}} = v = \frac{s\pi n}{60} \text{ und}$$
$$v_k = \frac{s \cdot n}{30}$$
zeigt, daß
$$v_{k_{max}} = v_k \cdot \frac{\pi}{2} \sim 1{,}6 \, v_k \text{ ist; also}$$

werden die größten Kolben- und Gasgeschwindigkeiten gleich dem 1,6fachen der mittleren.

Beispiel. Für eine Gichtgasmaschine von
$D = 600$ mm Zylinderdurchmesser
$s = 900$,, Hub
$n = 125$ minutlichen Umdrehungen
ist das Einlaßventil zu berechnen.

Angenommen: $c = 30$ m/sek
$\gamma = 45°$
$h = \dfrac{d}{5}$

Berechnet:
$$v_k = \frac{sn}{30} = \frac{0{,}9 \cdot 125}{30} = 3{,}75 \text{ m/sek}$$
$$v_{k_{max}} = 1{,}6 \cdot v_k = 1{,}6 \cdot 3{,}75 = 5{,}84 \text{ m/sek}$$
$$\frac{d^2 \pi}{4} = \frac{D^2 \pi}{4} \cdot \frac{v_k}{c} = \frac{60^2 \pi}{4} \cdot \frac{3{,}75}{30} = 354 \text{ qcm}$$

Ventildurchmesser $d = 21{,}3$ cm $\sim$ **215 mm**

Ventilhub $h = \dfrac{d}{5} = \dfrac{215}{5} \sim$ **45 mm**

Mittlere Spaltgeschwindigkeit
$$c' = \frac{\dfrac{D^2 \pi}{4} \cdot v_k}{d \pi \cdot h \cdot \cos \gamma} = \frac{\dfrac{60^2 \pi}{4} \cdot 3{,}75}{21{,}5 \cdot \pi \cdot 4{,}5 \cdot 0{,}707} = \textbf{49{,}3 m/sek}$$

Größte Spaltgeschwindigkeit
$$c'_{max} = 1{,}6 \cdot c' = 1{,}6 \cdot 49{,}3 = \textbf{79 m/sek}$$

Der Durchmesser d_0 (Abb. 65) berechnet sich nach der Sitzbreite $b \geq 0{,}5 \, d + 0{,}4$ cm.

Der Durchmesser d_1 des Gehäuses muß mindestens so groß sein, daß bei angehobenem Ventil in dem ringförmigen Raum zwischen der Gehäusewand und dem Ventil keine Drosselung eintritt; also

$$\frac{d_1^2 \pi}{4} - \frac{d_0^2 \pi}{4} \geq \frac{d^2 \pi}{4} \quad \text{oder}$$

$$d_1 \geq 1,6 \, d$$

Die Ventilspindel erhält zweckmäßig die Stärke

$$s = \frac{d}{8} + 0,5 \text{ bis } 0,8 \text{ cm}$$

Die Ventilfedern sollten eigentlich so berechnet werden, daß sie einerseits den zu bewegenden Massen beim Ventilschluß eine derartige Beschleunigung erteilen, daß die Nockenrolle nicht hinter der Nockenscheibe zurückbleibt, also stets dichter Schluß zwischen Nockenrolle und Nockenscheibe vorhanden ist, daß aber andererseits der Anpressungsdruck zwischen Rolle und Scheibe nicht zu groß wird. Da diese Berechnung sehr umständlich ist und erst nach fertiger Aufzeichnung des Ventilantriebes durchgeführt werden kann, sei versuchsweise angenommen, daß die Ventilfeder bei geschlossenem Ventil dieses mit einem Druck von etwa 0,5 kg/qcm auf seinen Sitz preßt.

In der Formel für die zylindrische Schraubenfeder:

$$P = \frac{\pi}{16} \cdot \frac{\delta^3}{r} \cdot k_d$$

bedeutet $P = 0,5 \dfrac{d^2 \pi}{4}$ den gesamten Federdruck bei geschlossenem Ventil,

δ die Drahtstärke bei rundem Querschnitt,

r den Windungsradius, der nach dem verfügbaren Raum angenommen wird,

k_d die Verdrehungsspannung für Federstahl (bis 4000 kg/qcm).

Die Gleichung ist nach δ aufzulösen.

Die Windungszahl n ist möglichst groß zu nehmen, damit der Unterschied der Federdrücke bei geschlossenem und geöffnetem Ventil nicht zu groß wird.

Die genannten Zahlen einschließlich der angenommenen Windungszahl n werden in die Formel

$$f = \frac{64 \, n \, r^3}{\delta^4} \cdot \frac{P}{G} \text{ eingesetzt, in der}$$

f die Zusammendrückung aus dem spannungslosen Zustand bis zur Ausübung des Druckes P (Federung bei geschlossenem Ventil),
n die Windungszahl,
r den Windungsradius,
δ die Drahtstärke,
G den Schubelastizitätsmodul 850 000
bedeutet. Addiert man dazu den Ventilhub, so erhält man die Gesamtfederung bei ganz geöffnetem Ventil

$$f' = f + h$$

Setzt man diesen Wert in die letztgenannte Formel ein, so ergibt sich der größte Federdruck P'; die zugehörige Verdrehungsspannung k'_d erhält man durch Einsetzen von P' in die erste Formel. Die Länge der Feder l in ungespanntem Zustand ist gleich der Länge l' in gespanntem Zustand (zwischen je 2 Windungen mindestens y = 3 mm Spiel!) plus der Gesamtfederung f'; also

Federlänge: ungespannt $l = l' + f'$;
gespannt $l' = n \cdot \delta + (n - 1) \cdot y$.

Beispiel. Die Feder des S. 66 berechneten Einlaßventiles ist zu berechnen.

Gegeben: Ventildurchmesser d = 215 mm
Ventilhub h = 45 „
Angenommen: Windungsradius r = 80 mm
Windungszahl n = 10 „
Verdrehungsspannung bei geschlossenem Ventil
= 3000 kg/qcm

Berechnet:

Federdruck bei geschlossenem Ventil

$$P = \frac{d^2 \pi}{4} \cdot 0,5 = \frac{21,5^2 \pi}{4} \cdot 0,5 = \mathbf{181\ kg}$$

Drahtstärke $\delta = \sqrt[3]{\dfrac{16 \cdot P \cdot r}{\pi \cdot k_d}} = \sqrt[3]{\dfrac{16 \cdot 181 \cdot 8,0}{\pi \cdot 3000}} = 1,35$ cm $\sim$ **14 mm**

Federung $f = \dfrac{64\,nr^3}{\delta^4} \cdot \dfrac{P}{G} = \dfrac{64 \cdot 10 \cdot 8^3}{1,4^4} \cdot \dfrac{181}{850000} = 18,2$ cm

Gesamtfederung $f' = f + h = 18,2 + 4,5 = 22,7$ cm

Federdruck bei ganz gehobenem Ventil

$$P' = \frac{f' \delta^4 \cdot G}{64 \cdot nr^3} = \frac{22,7 \cdot 1,4^4 \cdot 850000}{64 \cdot 10 \cdot 8,0^3} = 227\ \text{kg}$$

Größte Verdrehungsspannung

$$k'_d = \frac{16 \cdot P' \cdot r}{\pi \cdot \delta^3} = \frac{16 \cdot 227 \cdot 8,0}{\pi \cdot 1,4^3} = \mathbf{3380\ kg/qcm}$$

Länge in gespanntem Zustand:
 a) bei ganz gehobenem Ventil
  $l' = n \cdot d + (n-1) \cdot y = 10 \cdot 1{,}4 + 9 \cdot 0{,}3 = 16{,}7$ cm
 b) bei geschlossenem Ventil
  $l'' = l' + h = 16{,}7 + 4{,}5 = 21{,}5$ cm
Länge in ungespanntem Zustand
 $l = l' + f' = 16{,}7 + 22{,}7 = \mathbf{39{,}4}$ **cm.**

C. Triebwerk.

Diese Teile sollen im folgenden nur soweit berücksichtigt werden, als sie von den herkömmlichen „Maschinenelementen" abweichen.

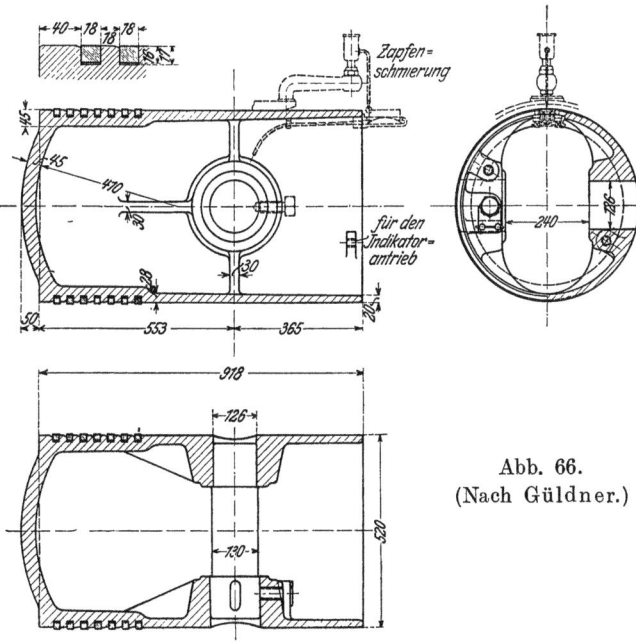

Abb. 66.
(Nach Güldner.)

1. Kolben.

Einfachwirkend. Wenn der Kolben einer einfachwirkenden Maschine neben seinem Hauptzweck: Abdichtung und Arbeitsübertragung noch die Aufgabe des Kreuzkopfes erfüllen soll, so muß er genügend lang ($\sim$ 2mal Durchmesser) ausgeführt werden. Bei kleineren Maschinen, besonders Automobilmaschinen, und auch bei Luftpumpen liegender Dieselmaschinen wird die Drehachse der Welle häufig gegen die Längsachse des Kolbens verschoben (geschränkte Kurbel), wodurch bei einer bestimmten Drehrichtung der Normaldruck wegen des kleineren Ausschlagwinkels der Schubstange kleiner wird. Abb. 66 zeigt einen Kolben der Gasmotorenfabrik Deutz. Der Zapfen ist zylindrisch eingepreßt, durch Druckschraube gehalten und durch Feder gegen Drehen gesichert. Die Stelle des Zapfens ist so gewählt, daß der Normaldruck nicht auf die Ringe wirkt. Die Ringzahl ist wegen des hohen Druckes viel größer als bei Dampfmaschinenkolben zu wählen ($\sim$ 6).

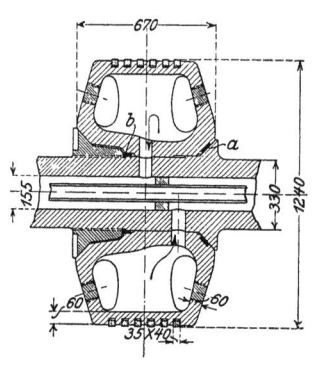

Abb. 67. (Nach Güldner.)

Der Kolbenboden wird wegen der größeren Festigkeit gewölbt, nach außen oder nach innen. Der Kolben wird zweckmäßig von vorne bis zum ersten Ring zylindrisch, von da ab bis zum Kolbenboden wegen der größeren Wärmedehnung um 1—2 mm konisch gedreht. Häufig wird auch der hintere Teil des Kolbens aus einem besonders hitzebeständigen Gußeisen hergestellt und mit dem vorderen Teil verschraubt.

Doppeltwirkend. Die Kolben doppeltwirkender Maschinen müssen mit Durchflußkühlung versehen werden. Das Kühlwasser wird durch die hohle Kolbenstange zu- und abgeführt (Abb. 67, Ehrhardt u. Sehmer). Die Kupferringe a dienen zum Abdichten der Nabenkonusse gegen das Kühlwasser. Bei stehenden Maschinen wendet man Posaunenrohre an, wie die Abb. 44, 59 und 61 zeigen.

2. Rahmen.

Die Bauart eines stehenden Rahmens ist aus Abb. 38 und 39, 42—46, sowie 54, 58, 59, 60, 61 und Tafel III zu ersehen, während Abb. 68 einen liegenden Rahmen wiedergibt. Die beiden Hauptlager für die gekröpfte Kurbelwelle sind mit dem Wassermantel zusammengegossen, in dem eine Laufbüchse eingesetzt ist. Der Schwerpunkt der Querschnitte der beiden Längsbalken liegt möglichst hoch, um die Biegungsspannungen gering zu halten. Die Laufbüchse wird durch den inneren Druck auf Zug in je zwei gegenüberliegenden Längsschnitten beansprucht. Der Flansch erhält nach Abb. 69 ein Biegungsmoment durch die Deckelpressung P_f und ihre Reaktion P_a, Auflagerdruck des Wassermantels, welcher den Flansch längs der Linie xy abzureißen sucht. Die Deckelpressung wird wegen des Dichthaltens zu etwa $^5/_4$ des Kolbendruckes angenommen; also

$$P_a = P_f = \frac{5}{4} \frac{D^2 \pi}{4} \cdot p$$

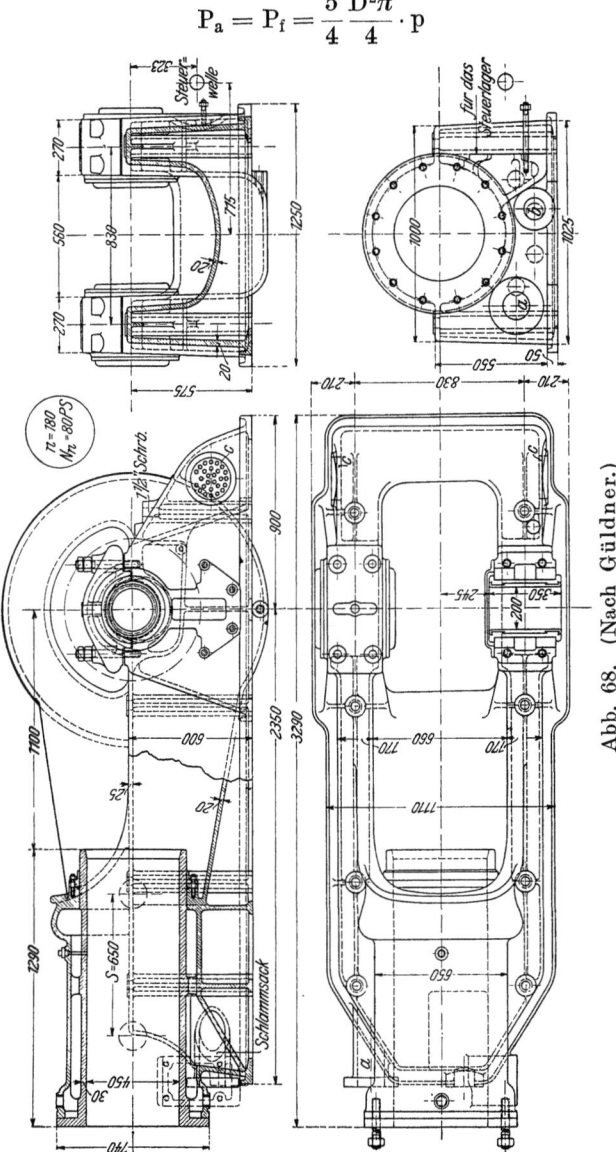

Abb. 68. (Nach Güldner.)

Zweckmäßig setzt man jedoch D_f statt D ein, weil die eigentliche Abdichtung erst in der Nut erfolgt.

Ferner ergibt sich angenähert:

Biegungsmoment $\quad M_b = P_a \cdot a$

Widerstandsmoment $\quad W = \dfrac{D_0 \pi \cdot h^2}{6}$, also

Biegungsspannung $\quad k_b = \dfrac{M_b}{W}$

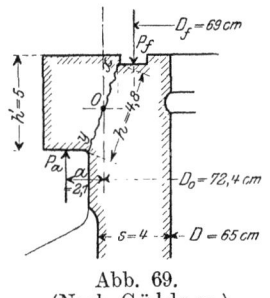

Abb. 69. (Nach Güldner.)

Beispiel für Abb. 69 mit $p = 25$ at.

$$P_a = \frac{5}{4} \cdot \frac{D_f^2 \pi}{4} \cdot p = \frac{5}{4} \cdot \frac{69^2 \pi}{4} \cdot 25 = 117000 \text{ kg}$$

$$M_b = P_a \cdot a = 117000 \cdot 2,1 = 246000 \text{ cmkg}$$

$$W = \frac{D_0 \pi h^2}{6} = \frac{72,4 \pi \cdot 5^2}{6} = 950 \text{ cm}^3$$

$$k_b = \frac{M_b}{W} = \frac{246000}{950} = \mathbf{259 \text{ kg/qcm}}.$$

Für Zylinder mit Laufbüchse kann man die **Wandstärke des Wassermantels** setzen:

Für Verpuffungsmaschinen $\quad s \simeq \dfrac{D}{20}$

„ Gleichdruckmaschinen $\quad s \simeq \dfrac{D}{13}$,

während die Wandstärke der Laufbüchse nach S. 62 bemessen werden kann.

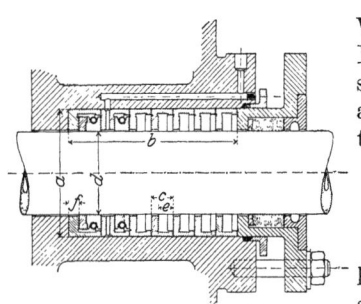

Abb. 70. (Nach Güldner.)

Die Deckelschrauben sollten zur Vermeidung von überflüssigen Biegungsspannungen stets so gesetzt werden, daß ihre Mittellinien auf die Mitte der Wandstärke treffen.

3. Stopfbüchse.

Einfachwirkende Maschinen mit hintereinanderliegenden Zylindern, sowie doppeltwirkende Maschinen erfordern Stopfbüchsen. Als Baustoff für Dichtungsringe hat sich nur Gußeisen bewährt. Als Beispiel sei hier die viel verwendete Schwabe-Stopfbüchse in Abb. 70 wiedergegeben. In einer besonders eingesetzten und abgedichteten Büchse liegen mehrere Kammerringe stramm eingepaßt hintereinander und werden durch die Brille fest aufeinander gepreßt. In jeder Kammer liegt ein sechsteiliger Ring, dessen Stirnwände auf die entsprechenden Wände der Kammerringe aufgeschliffen sind und dessen Teile durch eine Schlauchfeder gegen die Kolbenstange gepreßt werden. Das Schmieröl wird durch besondere Bohrungen zugeführt.

D. Besondere Teile.

I. Brennstoffpumpe für Dieselmaschinen. Die für jeden Arbeitshub einzuspritzende Brennstoffmenge ist so klein, daß die Pumpe zu kleine Abmessungen erhalten würde; ihr Hubraum würde etwa 1 : 14 000 des Hubraumes des Arbeitszylinders werden. Man führt den Pumpen-Hubraum etwa 3 bis 6mal so groß aus, als theoretisch notwendig ist und läßt bei jedem Pumpendruckhub durch Anheben des Saugventiles den Ölüberschuß zurückfließen; damit ist auch die Möglichkeit der S. 44 angegebenen Regelung geschaffen.

II. Luftpumpe für Dieselmaschinen. Nach einer Zusammenstellung verschiedener Ausführungen [1]) ist das Verhältnis

$$\frac{\text{Hubraum des Pumpen-Niederdruckzylinders}}{\text{Hubraum des Arbeitszylinders}} = \frac{1}{18} \sim \frac{1}{26},$$

wenn die Maschine im Viertakt und die Pumpe im Zweitakt arbeitet. Der indizierte Arbeitsbedarf [2]) der Luftpumpe beträgt bei Normalleistung etwa 5 % der indizierten Maschinenleistung.

III. Gaserzeuger. Nach Güldner soll der Schachtquerschnitt etwa 40—50 qcm für je 1 PS_e betragen, für kleinkörnige Brennstoffe jedoch mehr (bis 100 qcm). Die Schachthöhe ist so zu bemessen, daß der Fassungsraum für 1 PS_e beträgt bei Betrieb mit

Anthrazit mindestens 3 l,
Koks ,, 5 l,
Braunkohlenbrikett ,, 5 l.

IV. Rohrleitungen.

a) Für Luft. Bezeichnet man die mittlere Luftgeschwindigkeit während des Saugehubes mit c und die lichte Rohrweite mit d (in m!), dann ist

$$\frac{d^2 \pi}{4} \cdot c = \frac{D^2 \pi}{4} \cdot \frac{s \cdot n}{30}; \text{ hieraus}$$

---

[1]) Güldner, III. Aufl. S. 364.
[2]) Zeitschr. d. bayer. Revisionsvereines 1906.

$$d_m = D \sqrt{\frac{s \cdot n}{30\, c}}$$

Für kurze Leitungen wählt man $c = 20$ m/sek, für längere 10—20 m/sek.

b) Für Leuchtgas. Bei Rohrlängen von 10—20 m wählt man für

$N_e =$	$\sim 1/2$ PS	1 PS	2—3 PS	4—7 PS	8—12 PS	13—20 PS	bis 50 PS
$d =$	$3/8''$	$1/2''$	$3/4''$	$1''$	$1 1/4''$	$1 1/2$	$2''$

Größere Rohrlängen entsprechend stärker.

c) Für Kraftgas kann d wie für die Luftleitung gewählt werden.

d) Die Auspuffleitung soll den 1,1 bis 1,3fachen freien Ventilquerschnitt haben und wegen der hohen Temperaturen Vorrichtungen zum spannungslosen Ausgleich der Längenänderungen enthalten.

e) Die Kühlwasserleitung kann nach

$$d = \sqrt{0{,}15\, N_e} \text{ in cm}$$

berechnet werden, wobei der stündliche Wasserverbrauch für 1 PS_e zu 40 l und die Geschwindigkeit zu 0,95 m/sek angenommen ist; der obige Wert von d folgt dann aus

$$\frac{(0{,}01 d)^2 \pi}{4} \cdot 0{,}95 \cdot 3600 = 0{,}04\, N_e$$

III. Steuerung und Regelung.

A. Antrieb der Steuerung.

1. Steuerwelle.

Diese wird nach Abb. 71 von einem aus dem Hauptlager hervorstehenden Ende der Kurbelwelle I durch ein Schraubenräderpaar angetrieben. Die Übersetzung ist 2 : 1, die Räder sind durch zweiteilige Verschalung eingekapselt und laufen in Öl. Die Neigungswinkel α_1 und α_2 der Schraubengänge gegen die Wellenmittellinie

können innerhalb der durch die Reibung bestimmten Grenzen gewählt werden; es muß jedoch stets
$$\alpha_1 + \alpha_2 = 90^0$$
sein, da die Wellen sich senkrecht kreuzen. Als Zähnezahl betrachtet man hier die Anzahl der zwischen zwei vollen Schraubengängen liegenden Windungen, d. h. die Zahl der von einem Schnitt senkrecht zur Achse getroffenen Zahnprofile; es muß sein:

$$\frac{z_1}{z_2} = \frac{1}{2},$$

weil bei der Viertaktmaschine die Kurbelwelle die doppelte Zahl der Umdrehungen der Steuerwelle macht.

Man unterscheidet:

Normalteilung t_n: Abstand zweier Zahnmittel auf dem Teilkreisumfang senkrecht zum Schraubengang gemessen; t_n muß für beide Räder gleich sein.

Stirnteilung t_s: Abstand zweier Zahnmittel auf dem Teilkreisumfang in der Schnittebene senkrecht zum Wellenmittel gemessen; deshalb ist:

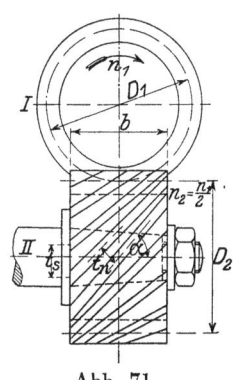

Abb. 71.

für das Rad auf der Kurbelwelle $\quad t_{s1} = \dfrac{t_n}{\cos \alpha_1}$

,, ,, ,, ,, ,, Steuerwelle $\quad t_{s2} = \dfrac{t_n}{\cos \alpha_2}.$

Bezeichnet man die Teilkreisdurchmesser mit D_1 und D_2 und die Zähnezahlen mit z_1 und z_2, dann ist
$$D_1 \pi = z_1 \cdot t_{s1}$$
$$D_2 \pi = z_2 \cdot t_{s2}.$$

Wenn beide Räder gleiche Durchmesser haben sollen, dann muß sein

$$z_1 \cdot t_{s1} = z_2 \cdot t_{s2} \text{ oder}$$

$$z_1 \cdot \frac{t_n}{\cos \alpha_1} = z_2 \cdot \frac{t_n}{\cos \alpha_2} \text{ oder mit}$$

$$z_2 = 2z_1 \text{ und } \alpha_2 = 90 - \alpha_1$$

$$\frac{z_1}{\cos \alpha_1} = \frac{2 z_1}{\cos (90 - \alpha_1)} = \frac{2 z_1}{\sin \alpha_1}$$

hieraus

$$\operatorname{tg} \alpha_1 = 2;\ \alpha_1 = 63^0\ 25'$$
$$\alpha_2 = 26^0\ 35'.$$

Gewöhnlich wird $\alpha_1 = 60°$ und $\alpha_2 = 30°$ gemacht. Die Zähnezahl z_1 richtet sich nach dem Durchmesser des Kurbelwellenstumpfes, mindestens aber $z_1 = 10$. Die Normalteilung für die einzelnen Maschinengrößen ergibt sich aus der Zahlentafel S. 78; die Zahnbreite wird

$$b = 2 t_n \text{ bis } 2{,}5 t_n.$$

Auf die Steuerwelle sind entweder Nocken (unrunde oder Daumenscheiben) oder Exzenter aufgekeilt, die mittels des Gestänges die Ventile bewegen. Bei kleinen Maschinen, auch Automobilmotoren, bestehen die Daumen häufig aus einem Stück mit der Welle.

2. Nockenscheiben[1]).

In Abb. 72 sind Einlaß- und Auslaßsteuerscheibe mit den Höhen h_1 und h_2, sowie die am Ende der Ventilhebel sitzenden Rollen r gezeichnet. Die Nocken verschieben bei der Drehung der Steuerwelle die Rollen in Pfeilrichtung P. Decken sich beide Rollen nicht, sondern bilden sie einen Winkel, dann sind beide

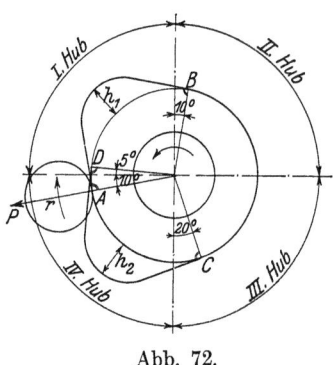

Abb. 72.

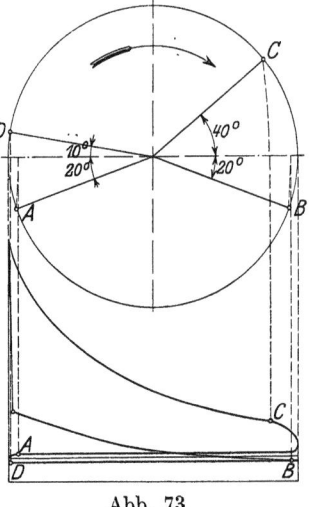

Abb. 73.

Nocken um denselben Winkel auseinanderzurücken. Um während eines möglichst großen Teiles des Hubes volle Ventilöffnung zu haben, öffnet sich das Einlaßventil schon vor der Totlage des Kolbens, bei einem Kurbelwinkel von etwa $20°$ (A), d. h. einem Steuerwellenwinkel von $10°$ (vgl. Abb. 73) und schließt sich nach der Totlage bei einem Kurbelwinkel von $20°$ (B). An den Punkten A und B setzen die Nockenflanken tangential an den

---

[1]) Näheres über Nockenform und Ventilbewegung siehe Z. d. V. d. I. 1927, S. 47.

Steuerscheibenkreis an. Die Nockenhöhe h_1 ist nach dem berechneten Ventilhub und der Hebelübersetzung zu bestimmen.

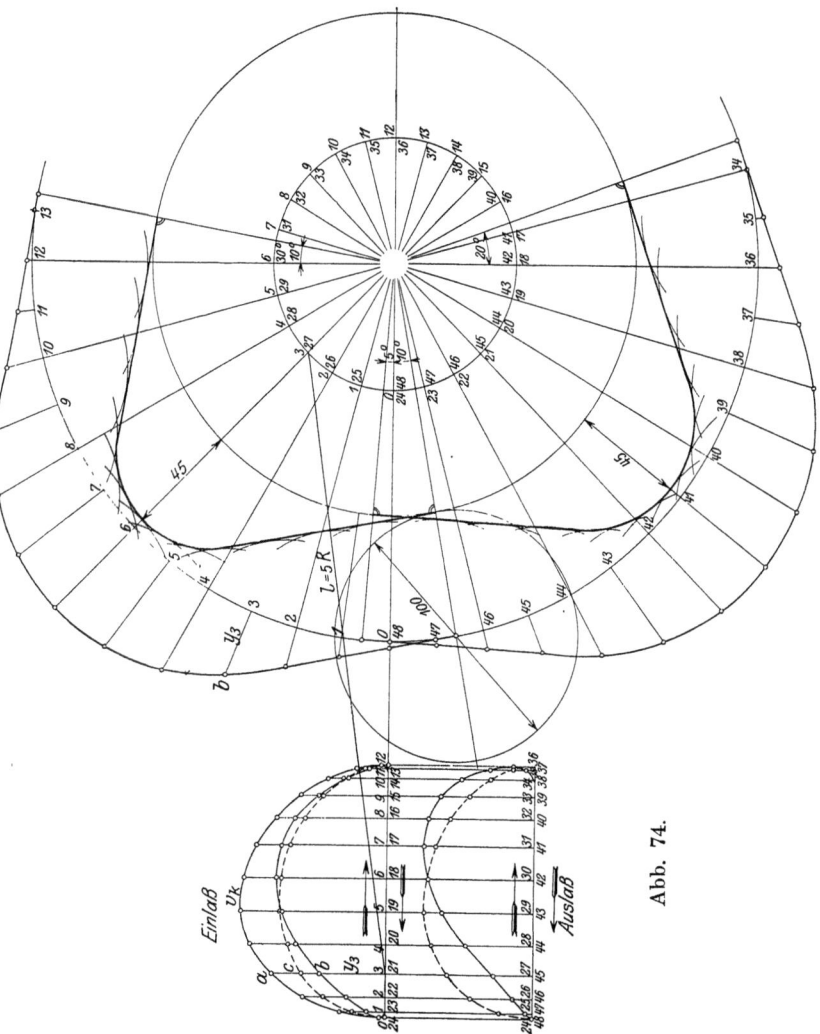

Abb. 74.

Das Auslaßventil öffnet sich vor der Totlage bei einem Kurbelwinkel von 40° (Punkt C), d. h. Steuerwellenwinkel von 20° und schließt sich nach der Totlage bei einem Kurbelwinkel 10° (D),

Steuerung und Regelung.

so daß während des Kolbenweges AD beide Ventile gleichzeitig geöffnet sind.

Die Form der Nocken und ihr Einfluß auf die Gasgeschwindigkeit am Ventilumfang kann in folgender Weise nachgeprüft werden: Man zeichnet nach Abb. 74 die zu den einzelnen Kurbeldrehwinkeln φ gehörigen Kolbenstellungen, denkt sich die Rollen r um die stillstehenden Nocken entgegen der Drehrichtung der Steuerwelle gedreht und zeichnet die Ausweichungen y der Rollen ein, die bei gleicharmigen Steuerhebeln gleich den Ventilerhebungen sind. Letztere werden auf den zugehörigen Kolbenstellungen abgetragen, z. B. $3b = y_3$; damit erhält man die ausgezogene **Kurve der wirklichen Ventilerhebungen**. Hierauf berechnet man die zu jeder Kurbelstellung gehörige **augenblickliche Kolbengeschwindigkeit**

$$v_k = v \sin \varphi \left(1 \pm \frac{R}{L} \cos \varphi \right),$$

deren Werte ebenfalls an den Kolbenstellungen aufgetragen werden können. Soll eine bestimmte Höchstgeschwindigkeit c_{max} der Gase am Ventilumfang nicht überschritten werden, so muß, wenn man den Neigungswinkel des Ventilkegels nicht berücksichtigt, die Ventilerhebung y theoretisch der Gleichung genügen:

$$\frac{D^2 \pi}{4} \cdot v_k = d \pi \cdot y \cdot c_{max}.$$

Hieraus theoretische Ventilerhebung

$$y = \frac{\frac{D^2 \pi}{4} \cdot v_k}{d \pi \cdot c_{max}}$$

Die Werte von y werden wie gestrichelt zu einer Kurve verbunden. Schneidet die wirkliche Erhebungskurve zu stark in die theoretische ein, dann wird zeitweise die Spaltgeschwindigkeit c zu groß und man muß entweder die Höhe des Nockens oder den Durchmesser der Steuerscheibe vergrößern oder seine Form entsprechend ändern.

Die Abmessungen können nach folgender **Zahlentafel** gewählt werden:

$N_e = PS$	2	5	10	15	20	30	40	50	60	75	100
$\frac{t_n}{\pi} =$	$5^1/_4$	$5^1/_2$	$5^1/_2$	$5^3/_4$	$5^3/_4$	6	6	$6^1/_2$	$6^1/_2$	7	$7^1/_2$
$t_n =$ cm	1,65	1,73	1,73	1,81	1,81	1,89	1,89	2,04	2,04	2,20	2,36
$d_s =$ cm	3,2	3,5	3,5	4,0	4,0	4,5	4,5	5,0	5,0	5,5	6,0
$r =$ cm	4,0	4,5	5,0	5,5	6,0	6,5	7,0	7,5	8,9	9,0	10

Antrieb der Steuerung.

Hierin ist

$\dfrac{t_n}{\pi}$ der Modul
t_n die Normalteilung $\Big\}$ der Schraubenräder

d_s der Durchmesser der Steuerwelle,
r der Durchmesser der Rolle.

Ferner
Rollenbreite für Einlaß $= 0{,}3\ r$
„   „   Auslaß $= 0{,}4\ r$
Druck auf 1 **cm** Rollenbreite ≤ 500 kg.

Beispiel: Der Steuerungsantrieb der Gichtgasmaschine des Beispiels S. 66 ist zu berechnen.

Gegeben: Zylinderdurchmesser $D = 600$ mm
              Hub $s = 900$ „
              $n = 125$
           Einlaßventil $\varPhi$ $d = 215$ mm
              Hub $h = 45$ „

Angenommen: Größte wirkliche Spaltgeschwindigkeit
  $c_{max} = 80$ m/sek
Wegen des $\measuredangle \gamma$ ist $c_{max} = 80 \cos \gamma = 56{,}5$ m/sek in die Gleichung für y einzusetzen.
Durchmesser der Nockenscheibe $= 200$ mm.

Berechnet:
  Normalteilung $t_n = 9\ \pi$
  Steuerwellen $\varPhi$ $d_s = 85$ mm
  Rollen $\varPhi$ $r = 120$ „
  Rollenbreite $0{,}3\ r = 40$ „

Geschwindigkeit des Kurbelzapfens

$$v = \frac{s\pi \cdot n}{60} = \frac{0{,}9\,\pi \cdot 125}{60} = 5{,}9\ \text{m/sek}$$

Die Nocken usw. werden nach Abb. 74 maßstäblich aufgezeichnet, die Kolbengeschwindigkeiten v_k und theoretischen Ventilerhebungen y berechnet. Die zugehörigen Werte enthält folgende **Zahlentafel**:

φ^0	$\sin \varphi$	$\cos \varphi$	$1 \pm \dfrac{1}{5} \cos \varphi$	v_k m/sek	y cm	y' cm
0	0	1	1,2	0	0	0,3
15	0,259	0,966	1,193	1,82	1,35	0,8
30	0,500	0,866	1,173	3,46	2,56	1,6
45	0,707	0,707	1,141	4,76	3,52	2,8
60	0,866	0,500	1,100	5,63	4,16	3,7
75	0,966	0,259	1,052	6,00	4,44	4,4
90	1	0	1,000	5,90	4,36	4,6
105	0,966	— 0,259	0,948	5,41	4,00	4,4
120	0,866	— 0,500	0,900	4,60	3,40	3,8
135	0,707	— 0,707	0,859	3,58	2,67	2,8
150	0,500	— 0,866	0,827	2,44	1,81	1,6
165	0,259	— 0,966	0,807	1,23	0,91	0,7
180	0	— 1	0,800	0	0	0,3

80 Steuerung und Regelung.

$$y = \frac{\frac{D^2 \pi}{4} \cdot v_k}{d \pi \cdot c_{max}} = \frac{\frac{60^2 \pi}{4} \cdot v_k}{21,5 \pi \cdot 56,6} = 0,74 \, v_k \text{ in cm}$$

y' = wirkliche Ventilerhebung nach Abb. 74.

Als Baustoffe für Steuerungsteile werden verwendet: Für

Steuerwellen .
Steuerscheiben
Bolzen . . .
Rollen . . . .
} Flußstahl

Steuerhebel: Schweißeisen, Stahlguß, bei kleineren Maschinen auch Temperguß
Schraubenräder: Stahl auf Gußeisen,
Stirn- und Kegelräder: Gußeisen.

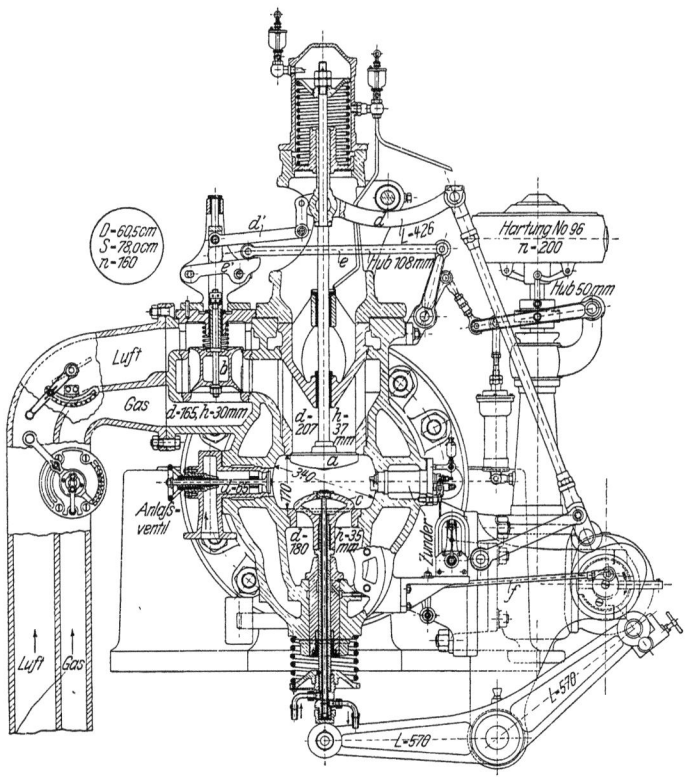

Abb. 75.

Antrieb der Steuerung.

In Abb. 75 ist eine Nockensteuerung mit Mischventil der Gasmotorenfabrik Deutz wiedergegeben. Der Einlaßnocken steuert

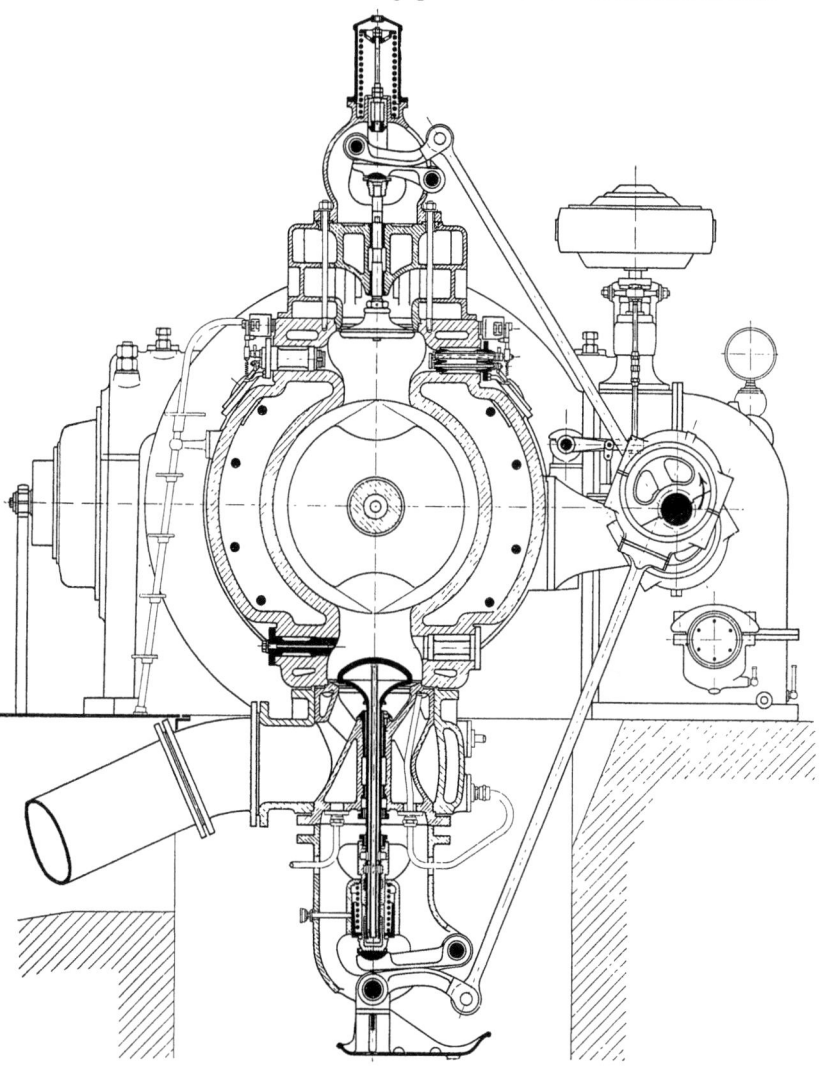

Abb. 76. (Nach Dubbel.)

mittels des Hebels d, der sich um eine von Hand einstellbare Rolle dreht, das Einlaßventil und mittels des angelenkten Hebels d′, der sich um eine vom Regler verschiebbare Rolle dreht, das zweisitzige Mischventil. Die Stellung der letztgenannten Rolle

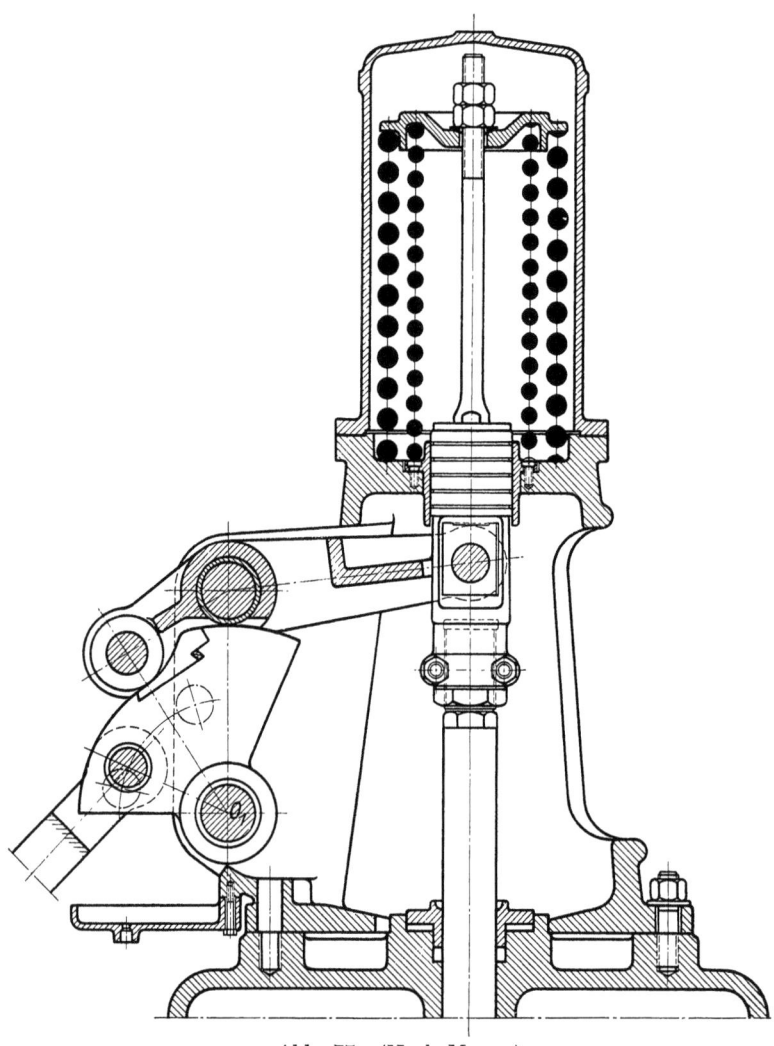

Abb. 77. (Nach Magg.)

verändert das Übersetzungsverhältnis des Hebels d' und damit den Hub des Mischventiles. Der Auslaßnocken hebt mittels eines gleicharmigen Winkelhebels das Auslaßventil.

3. Exzenter[1]).

Der Antrieb der Ventile mittels Exzenter kann erfolgen durch
a) Wälzhebel, b) Schwingedaumen.

a) Wälzhebel. Als Beispiel für diese Antriebsart ist in Abb. 76 die Steuerung von Haniel u. Lueg, Düsseldorf, dargestellt, aus der gleichzeitig nochmals der Einbau der Ventile und Ventilkästen, sowie die Kühlung des Auslaßventiles und seines Kastens ersichtlich ist. Ein- und Auslaßventil werden durch je ein auf der Steuerwelle sitzendes Exzenter angetrieben. Jede Exzenterstange bewegt einen um eine feste Achse drehbaren Hebel, der sich auf einem ebenfalls um eine feste Achse drehbaren Hebel abwälzt. Letzterer drückt mit seinem freien Ende das Ventil auf. Die Wälzbahnen beider Hebel werden so konstruiert, daß das Abwälzen möglichst ohne Gleiten erfolgt.

b) Schwingedaumen. Dieser Antrieb hat bei Verbrennungskraftmaschinen noch wenig Anwendung gefunden, obwohl sich damit die Ventilbewegung besser den Forderungen der Theorie anpassen läßt als mit anderen Antrieben. Abb. 77 zeigt den Schwingedaumen von Gebr. Klein in Dahlbruch, der mittels einer gehärteten Schubkurve eine gleichfalls gehärtete Rolle hebt. Diese sitzt am Ende eines um eine feste Achse drehbaren Winkelhebels, dessen zweites Ende das Ventil aufdrückt. Der Ventilschluß erfolgt durch Federn. Zwischen Rolle und Schubkurve finden starke Pressungen statt.

B. Regelung.

Während die Dampfmaschine nur durch Veränderung der Füllung oder durch Drosselung geregelt wird, bestehen bei der Verbrennungskraftmaschine viel mehr Möglichkeiten, die Brennstoffzufuhr der jeweils verlangten Leistung anzupassen. Von diesen Möglichkeiten seien im folgenden nur die in der Praxis gebräuchlichen behandelt.

1. Regelung durch Aussetzer.

Diese Regelungsart wird nur bei kleineren Maschinen angewandt, weil sie einen etwas ungleichmäßigen Gang der Maschine zur Folge hat. Der Regler steht mit der Steuerung so in Verbindung, daß, wenn die Maschine ihre normale Drehzahl über-

---

[1]) Die Besprechung des Entwurfes derartiger Steuerungen würde hier zu weit führen; es sei deshalb auf das Quellenverzeichnis verwiesen.

schreitet, ein oder mehrere Arbeitshübe durch Absperrung der Brennstoffzufuhr ausfallen. Während dieser Zeit ist die gesamte Leistung von der lebendigen Energie des Schwungrades abzugeben, wodurch die Maschine langsamer läuft, bis der Regler den Zutritt des Brennstoffes wieder freigibt. Die Maschine hat ihre Höchstleistung dann erreicht, wenn bei keinem Saugehub die Brennstoffzufuhr unterbrochen ist, die Maschine also keine Aussetzer mehr macht. Bei jedem Arbeitshub, auch bei der kleinsten Leistung, gelangt stets die gleiche Gemischmenge in unveränderter Zusammensetzung in den Zylinder.

Die Brennstoffabsperrung kann erfolgen:

a) Durch Zuhalten eines besonderen Brennstoffventiles, das dem Einlaßventil vorgeschaltet und entweder durch einen auf der Steuerwelle verschiebbaren und mit dem Stellzeug des Reglers verbundenen Nocken oder durch den Stößel eines Pendelreglers geöffnet und durch eine Feder geschlossen wird. Im ersteren Fall verschiebt der Regler bei zu hoher Drehzahl, also bei abnehmender Leistung, den Nocken auf der Steuerwelle, so daß er mit dem Hebel des Brennstoffventiles nicht mehr in Eingriff kommt. Das Brennstoffventil bleibt geschlossen, der Kolben saugt durch das geöffnete Einlaßventil nur Luft ein und der Arbeitshub unterbleibt. Bei Anwendung eines Pendelreglers wird das Brennstoffventil durch einen in Richtung der Ventilspindel sich bewegenden Stößel aufgestoßen, der an einer schrägen Fläche stets etwas abgelenkt wird. Bei normalem Gang der Maschine ist die Ablenkung unbedeutend, so daß der Stößel die Ventilspindel stets trifft. Läuft die Maschine zu rasch, dann wird dem Stößel durch die Ablenkung so viel lebendige Energie mitgeteilt, daß er über die zum Treffen der Spindel erforderliche Lage hinausschwingt und beim Saugehub an der Ventilspindel vorbeistößt, so daß das Brennstoffventil geschlossen bleibt.

b) Durch Offenhalten des Auslaßventiles während des Saugehubes, nur möglich bei selbsttätigem Einlaßventil. Solange der Regler das Auslaßventil offen hält, saugt der Kolben aus dem Auspuffrohr; der zum Öffnen des selbsttätigen Einlaßventiles erforderliche Unterdruck kann nicht erreicht werden und dieses bleibt geschlossen.

Vorteil der Aussetzerregelung: Stets gleichmäßige Zusammensetzung des Gemisches, also gute Wärmeausnutzung.

Nachteile: Ungleichmäßiger Gang der Maschine; nach mehreren Aussetzern sind die Zylinderwände im Innern so abgekühlt, daß die folgenden Zündungen schlecht werden, so daß der genannte Vorteil, besonders bei kleineren Leistungen, wieder verschwindet.

2. Gemischregelung.

Diese besteht darin, daß die für jeden Arbeitshub eingesaugte Gemischmenge nach Gewicht und Volumen die gleiche bleibt,

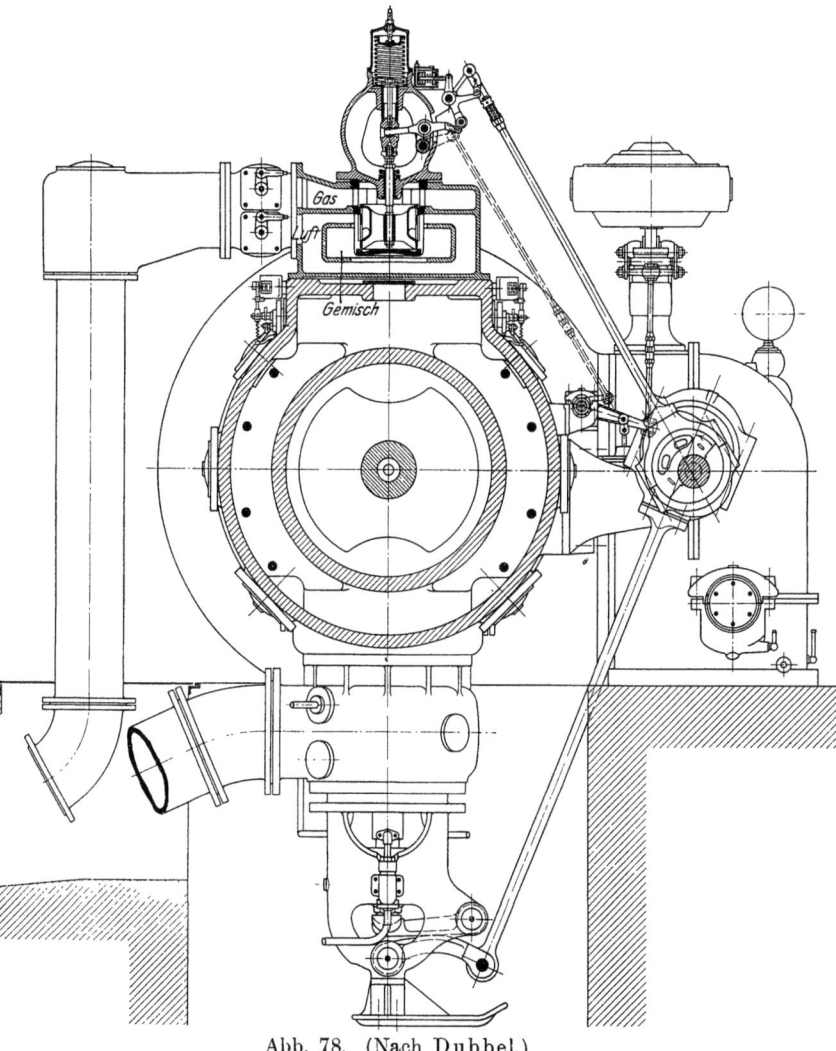

Abb. 78. (Nach Dubbel.)

jedoch bei kleineren Leistungen weniger Gas und mehr Luft enthält. Dem Einlaßventil wird ein gesteuertes Gasventil vorgeschaltet, dessen Hubanfang vom Regler beeinflußt wird. Mit abnehmender Leistung erfolgt das Anheben immer später, wodurch immer weniger Gas in die Maschine gelangt. Bei kleineren Maschinen wird das Gasventil durch einen schrägen, mittels des Reglers auf der Steuerwelle verschiebbaren Nocken, der sich unter einer Rolle wegdreht, die am Ende des Gasventilhebels sitzt. Eine Ausführung für größere Maschinen nach Haniel und Lueg, Düsseldorf, zeigt Abb. 78, die den Antrieb des Gasventiles der Maschine Abb. 76 darstellt. Dieses wird durch einen zweiarmigen Hebel angehoben. Das linke Ende gleitet in der Verbindung mit der Ventilspindel, das rechte wird durch einen Winkelhebel niedergedrückt, der durch die Klinke der Exzenterstange bewegt wird. Die Klinke läßt den Winkelhebel immer gleichzeitig mit dem Schluß des Einlaßventiles (Abb. 76) los. Der Drehpunkt des erstgenannten zweiarmigen Hebels sitzt am Ende eines um einen festen Punkt drehbaren Winkelhebels, der vom Regler festgehalten wird. Geht bei abnehmender Leistung der Regler hoch, dann verschiebt sich dieser Drehpunkt nach links und das Gasventil wird später geöffnet und hebt sich weniger hoch, während das Einlaßventil sich in unveränderter Weise öffnet und schließt. Es wird also bei abnehmender Leistung zunächst nur Luft und dann das Gemisch in den Zylinder gesaugt. Der Verdichtungsenddruck und damit der thermische Wirkungsgrad[1]) bleibt derselbe, während die Zündung und die Verbrennung nur so lange befriedigen, als bei der schichtenweisen Lagerung sich in der Nähe der Zündstellen zündfähiges Gemisch befindet.

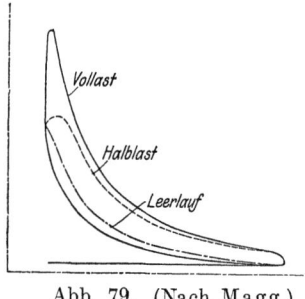

Abb. 79. (Nach Magg.)

Das Indikatordiagramm zeigt Abb. 79; die Kompressionslinie bleibt bei allen Leistungen dieselbe, während der Anfangsdruck der Expansion mit abnehmender Leistung sinkt.

3. Füllungsregelung.

Die Zusammensetzung des Gemisches bleibt bei allen Leistungen unverändert, während die Gemischmenge mit abnehmender Leistung durch Drosselklappe oder kleineren Hub des Mischoder Einlaßventiles vermindert wird. Eine Ausführung der Motorenfabrik Deutz für kleinere Maschinen zeigen Abb. 80 und 81. Der Korb des Einlaßventiles dient zugleich als Mischorgan;

---

[1]) Siehe Sechster Teil.

Regelung.

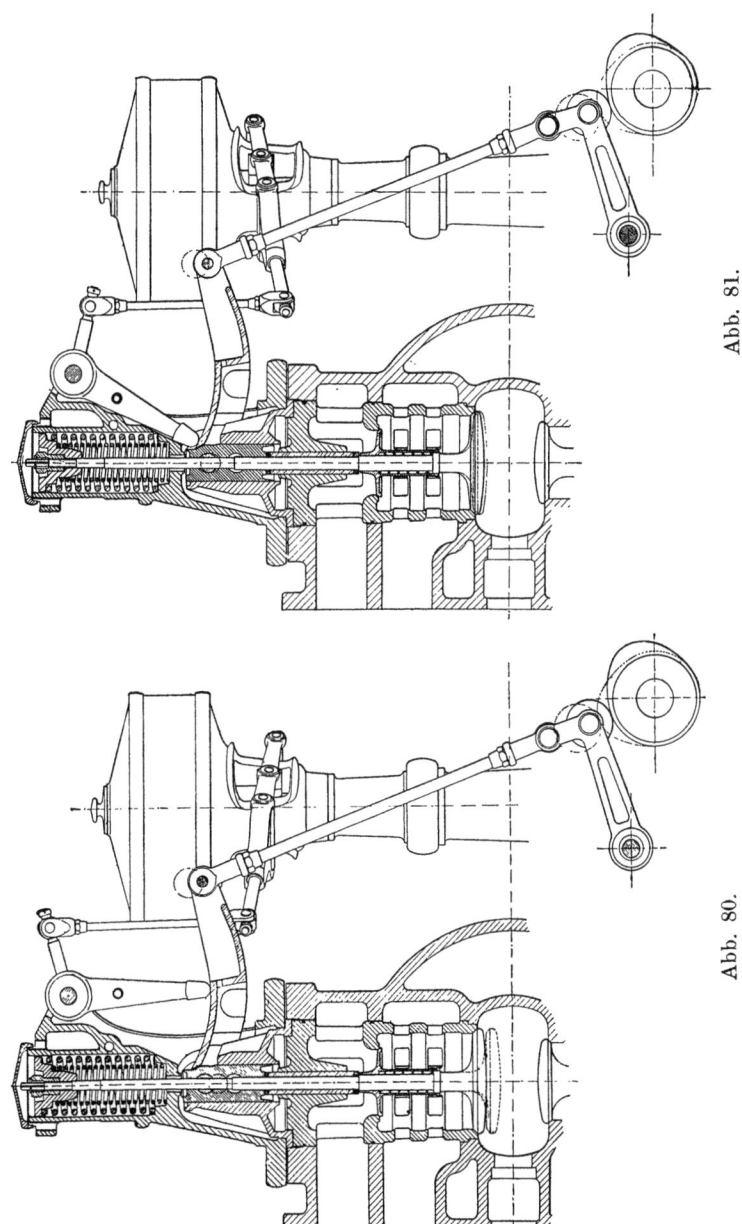

Abb. 81.

Abb. 80.

die Ventilspindel trägt oben ein einsitziges Gasventil, das sich gleichzeitig mit dem Einlaßventil senkt und hebt. Dieses wird durch einen mittels Nockensteuerung bewegten Hebel aufgedrückt. Der Drehpunkt dieses Hebels ist das Ende des Hebels o, der vom Regler festgehalten wird. Je höher sich das Stellzeug des Reglers hebt, desto weiter kommt dieser Drehpunkt nach links, desto kleiner wird der Hub des Einlaß- und Gasventiles und desto mehr wird das Gemisch gedrosselt, seine Gewichtsmenge also vermindert.

Besitzt eine Maschine nach Abb. 7 ein selbsttätiges Mischventil, dann genügt zur Regelung eine Drosselklappe.

Eine Regelung für Großgasmaschinen derselben Firma zeigt Abb. 75; hier wird der Hub des Mischventiles dadurch verändert, daß der Regler die als Wälzbahn für den Ventilhebel d' dienende Rolle festhält und bei wechselnder Leistung verschiebt.

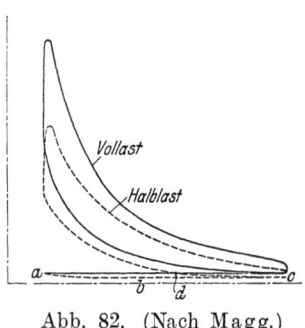

Abb. 82. (Nach Magg.)

Durch die Füllungsregelung wird mit abnehmender Leistung der Ansaugedruck und damit auch der Verdichtungsenddruck vermindert, wodurch auch der Höchstdruck und die Diagrammfläche kleiner wird (Abb. 82). Dieses Verfahren vermindert bei kleineren Leistungen allerdings den thermischen Wirkungsgrad, jedoch bleibt die Zündfähigkeit des Gemisches bis zu den kleinsten Leistungen gut.

Im Großgasmaschinenbau werden meistens die unter 2 und 3 genannten Regelungsverfahren vereinigt.

C. Schwungrad.

Das Schwungrad hat die Aufgabe, beim Arbeitshub die für Ansauge-, Verdichtungs- und Auspuffhub notwendige Arbeit aufzunehmen und diese während der drei genannten Hübe abzugeben, ohne daß die Schwankung der Umlaufgeschwindigkeit ein bestimmtes Maß überschreitet. Zur Ermittlung dieser Schwankung zeichnet man das Drehkraft- oder Tangentialdruckdiagramm für zwei Umdrehungen auf, das für jeden Punkt des Kurbelkreises die in Richtung der Tangente wirkende Komponente der Schubstangenkraft enthält. Aus diesem Diagramm berechnet man die größte, vom Schwungrad aufzunehmende Arbeit und hieraus das

Schwungrad. 89

Kranzgewicht des Schwungrades. Zur Aufzeichnung des Diagrammes ist erforderlich
  I. Das Massendruckdiagramm,
 II. ,, Kolbenüberdruckdiagramm.

1. Das Massendruckdiagramm.

Die hin- und hergehenden Massen bestehen aus Kolben, Kolbenstange, Kreuzkopf und Schubstange. Während der ersten Hälfte des Hubes werden sie beschleunigt, in der zweiten Hälfte verzögert; also wirkt ihre Trägheitskraft zuerst der Kolbengeschwindigkeit entgegen, vermindert also den Kolbendruck; hierauf vergrößert sie den in Richtung der Geschwindigkeit wirksamen Kolbendruck. Die Beschleunigung bzw. Verzögerung p beträgt

$$p = \frac{v^2}{R}\left(\cos\alpha \pm \frac{R}{l}\cos 2\alpha\right) \qquad \left(\begin{array}{l}+ \text{ für Hingang} \\ - \text{ für Rückgang}\end{array}\right)$$

Hier ist
  v die Umfangsgeschwindigkeit des Kurbelzapfens,
  R der Kurbelradius,
  α der Drehwinkel der Kurbel,
  l die Länge der Schubstange.

Die Beschleunigungskraft ergibt sich nach der dynamischen Grundgleichung
$$K = M \cdot p$$
mit $\qquad M = \dfrac{G}{g}\quad$ zu

$$K = \frac{G}{g}\cdot\frac{v^2}{R}\left(\cos\alpha \pm \frac{R}{l}\cos 2\alpha\right),$$

worin G das Gesamtgewicht der schwingenden Massen bedeutet.

Auf 1 qcm Kolbenfläche bezogen wird der Beschleunigungsdruck

$$k = \frac{G}{g\cdot F}\cdot\frac{v^2}{R}\left(\cos\alpha \pm \frac{R}{l}\cos 2\alpha\right).$$

Für die beiden Totlagen wird $\alpha_1 = 0$ und $\alpha_2 = 180°$, also

$$k_1 = \frac{G}{g\cdot F}\cdot\frac{v^2}{R}\left(1 + \frac{R}{l}\right) \text{ und}$$

$$-k_2 = \frac{G}{g\cdot F}\cdot\frac{v^2}{R}\left(1 - \frac{R}{l}\right).$$

Abb. 83 zeigt den nach der obigen Gleichung berechneten Verlauf des Massendruckdiagramms, in dem zu jedem Punkt des Kurbelkreises durch Rückwärtseinschlagen der Schubstangenlänge die zugehörige Kreuzkopf- bzw. Kolbenstellung ermittelt ist. Die entgegen der Kolbengeschwindigkeit wirkenden Kräfte sind nach unten, die in ihrer Richtung wirkenden sind nach oben abgetragen. Die Kurve für den Hingang ist ausgezogen, die für den Rückgang gestrichelt. Bei Vernachlässigung der Schubstangenlänge verschwindet das zweite Glied der Klammer, die Kurve wird eine Gerade und die Werte k für die Totlagen ergeben sich zu

$$k = \frac{G}{g \cdot F} \cdot \frac{v^2}{R}.$$

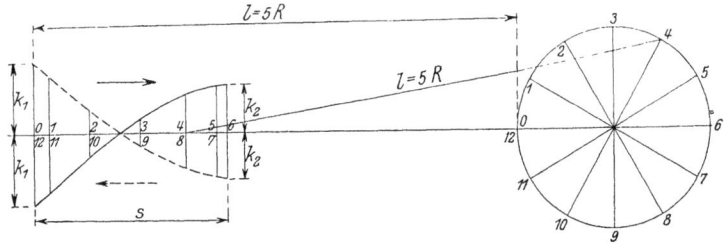

Abb. 83.

Das Massengewicht $\frac{G}{F}$ (kg/qcm) kann nach folgender Zusammenstellung angenommen werden (nach Güldner).

	Verpuffungsmaschinen	Gleichdruckmaschinen
Einfachwirkend s $<$ 1,5 D . . .	0,4 —0,6	0,5 —0,7
„ s $\geq$ 1,5 D . . .	0,6 —0,75	0,7 —0,8
„ mit Kreuzkopf .	0,9 —1,2	1,0 —1,3
2 Zylinder hintereinander . . .	1,25—1,5	1,35—1,6
Doppeltwirkend 1 Zylinder . .	1,0 —1,4	1,3 —1,5
„ 2 Zylinder hintereinander	1,5 —1,8	1,6 —1,9

2. Das Kolbenüberdruckdiagramm.

Die Kolbendrücke der einzelnen Hübe werden nach Art der Abb. 5 nebeneinander aufgezeichnet (Abb. 84). Ansauge- und Ausströmdruck können vernachlässigt werden; die Kompressions- und die Expansionslinie werden nach der im sechsten Teil gegebenen Anweisung gezeichnet. Mit Berücksichtigung der darunter gezeichneten Massendrücke ergibt sich als unterster Linienzug das Diagramm der Kolbenüberdrücke.

Beispiel: Für die Expansionslinie wird

$$ef = ab - cd;$$

die nach oben gezeichneten Kräfte sind positiv, die nach unten gezeichneten Kräfte sind negativ genommen.

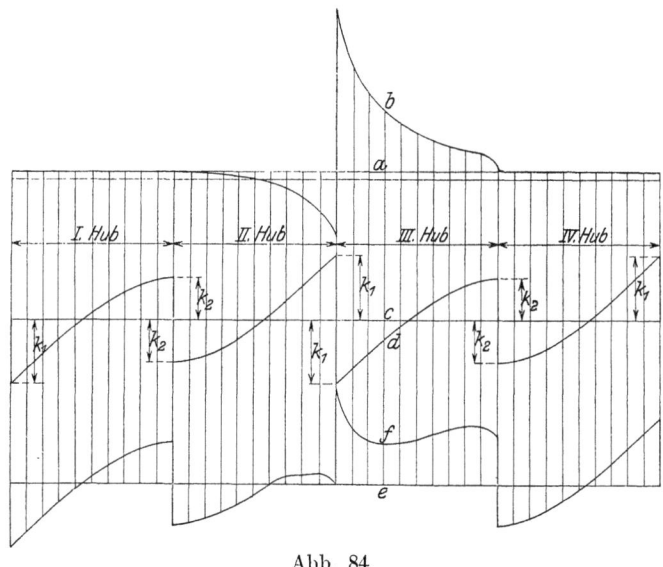

Abb. 84.

3. Das Drehkraftdiagramm.

Zerlegt man nach Abb. 85 den jeweiligen Kolbenüberdruck P in die Schubstangenkraft S und den Normaldruck N (auf die Gleitbahn), ferner die Schubstangenkraft S in die Dreh- oder Tangentialkraft T und die Radialkraft R, dann ist

$$S = \frac{P}{\cos \beta} \text{ und}$$

$$T = S \sin (\alpha + \beta) = \frac{P \sin (\alpha + \beta)}{\cos \beta}$$

Hieraus ergibt sich mit Beziehung auf Abb. 86 folgende vereinfachte Konstruktion für T: Man ziehe von der augenblicklichen Kolbenstellung aus die zum Kurbelwinkel α gehörige Schubstangenrichtung (unter dem $\sphericalangle\beta$), mache auf dem zugehörigen Kurbelradius $dc = ab = P$ (augenblicklicher Kolbenüberdruck) und ziehe ce vertikal, dann ist $ce = T$.

Beweis: $\dfrac{ce}{cd} = \dfrac{\sin(\alpha+\beta)}{\sin(90-\beta)} = \dfrac{\sin(\alpha+\beta)}{\cos\beta}$

hieraus $ce = cd\,\dfrac{\sin(\alpha+\beta)}{\cos\beta} = \dfrac{P\sin(\alpha+\beta)}{\cos\beta} = T.$

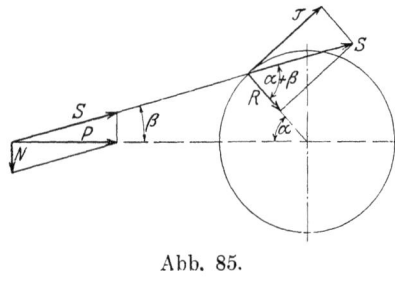

Abb. 85.

Die Konstruktion ist in Abb. 86 für das Drehkraftdiagramm des Arbeitshubes durchgeführt. Zeichnet man die Figur auch für die drei übrigen Hübe auf, wickelt nach Abb. 87 den Kurbelkreis zweimal ab und trägt zu jedem Punkt des abgewickelten Kreises die zugehörige Drehkraft auf, dann ergibt sich das vollständige Drehkraftdiagramm.

Der mittlere Widerstandsdruck p_w ergibt sich aus dem

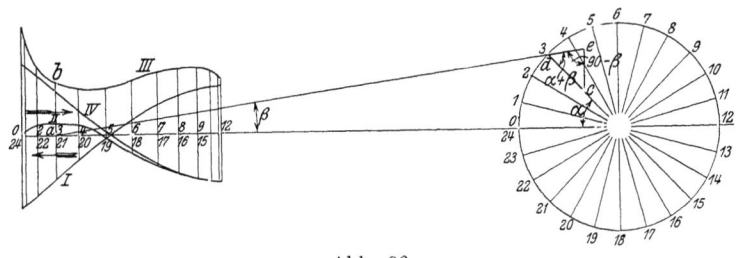

Abb. 86.

mittleren Druck p_i des Indikatordiagrammes für die einfachwirkende Einzylindermaschine aus der Gleichung:

$p_i \cdot s = p_w \cdot 2s\pi$; hier ist

$p_i \cdot s$ die beim Arbeitshub auf den Kolben übertragene Arbeit und

$p_w \cdot 2s\pi$ die während zweier Umdrehungen verlangte Arbeit auf 1 qcm Kolbenfläche. Hieraus

Schwungrad. 93

$p_w = \dfrac{p_i}{2\pi}$ für einfachwirkende Einzylinder-Viertaktmaschine

$p_w = \dfrac{p_i}{\pi}$,, ,, ,, Zweitaktmaschine

$p_w = \dfrac{p_i}{\pi}$,, doppeltwirkende ,, Viertaktmaschine

$p_w = \dfrac{2p_i}{\pi}$,, ,, ,, Zweitaktmaschine

Die größte überschießende Fläche (+ oder —) des Drehkraftdiagrammes betrage L qmm.

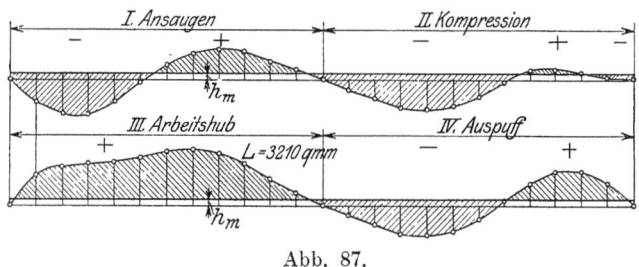

Abb. 87.

4. Berechnung des Kranzgewichtes.

Bezeichnet man die Masse des Kranzes mit M, den Radius bis zum Schwerpunkt des Kranzquerschnittes mit R, die größte Geschwindigkeit dieses Schwerpunktes im Verlauf je zweier Umdrehungen mit v_{max}, seine kleinste Geschwindigkeit mit v_{min}, dann ist die zwischen je zwei äußersten Werten der Geschwindigkeit aufgespeicherte, bzw. abgegebene lebendige Energie mit großer Annäherung:

$$W = \dfrac{M}{2}(c^2_{max} - c^2_{min}).$$

Die größte überschießende Fläche des Drehkraftdiagrammes ist ein Maß für diese Energie. Ist

L der Inhalt dieser Fläche in qmm,

a die Arbeit, die 1 qmm Fläche des Drehkraftdiagrammes entspricht,

$c = \dfrac{2R\pi n}{60}$ die mittlere Umlaufgeschwindigkeit des Schwerpunktes des Kranzquerschnittes,

F die Kolbenfläche in qcm,
dann ist auch
$$W = a \cdot L \cdot F = \frac{M}{2}(c^2_{max} - c^2_{min}).$$
Bezeichnet man ferner die Größe
$$\delta = \frac{c_{max} - c_{min}}{c}$$
als **Ungleichförmigkeitsgrad** und setzt man
$$c = \frac{c_{max} + c_{min}}{2},$$
dann erhält man durch Multiplikation der beiden letzten Gleichungen
$$\delta \cdot c = \frac{c^2_{max} - c^2_{min}}{2c} \text{ oder}$$
$$c^2_{max} - c^2_{min} = 2\delta c^2.$$
Dieser Wert in die letzte Gleichung für W eingesetzt, liefert
$$aL \cdot F = M\delta c^2; \text{ hieraus}$$
$$\text{Kranzmasse } M = \frac{aLF}{\delta c^2} \text{ und}$$
$$\text{Kranzgewicht } Q = g \cdot \frac{aLF}{\delta c^2}.$$
Da die Arme ebenfalls an der Arbeitsaufspeicherung beteiligt sind, kann der Kranz zu etwa 0,9 dieses Wertes ausgeführt werden; also
$$\textbf{Kranzgewicht } Q = 0{,}9 \text{ g } \frac{aLF}{\delta c^2}.$$
Der Kranzquerschnitt f qdm folgt aus der Gleichung
$$Q = f \cdot 2R'\pi \cdot \gamma,$$
in der R' den Radius in **dm** und γ das spezifische Gewicht des Gußeisens 7,3 kg/cdm bedeutet. Der Durchmesser D' des Schwungrades beträgt gewöhnlich
$$D' = 5s \text{ bis } 5{,}5s;$$
der Ungleichförmigkeitsgrad
$$\delta = \frac{1}{30} \text{ bis } \frac{1}{40} \text{ (leicht) oder}$$
$$\delta = \frac{1}{70} \text{ bis } \frac{1}{80} \text{ (schwer).}$$

Schwungrad. 95

Unmittelbar gekuppelter Dynamoantrieb verlangt

$$\delta = \frac{1}{100} \text{ bis } \frac{1}{200},$$

was nur durch hohe Drehzahl oder zwei Schwungräder zu erreichen ist.

Beispiel. Der Kranzquerschnitt des Schwungrades der Maschine des Beispieles S. 66 ist für $\delta = \frac{1}{100}$ zu berechnen. Die Maschine ist hier als einfachwirkend einzylindrig gedacht.

Gegeben: Zylinderdurchmesser D = 600 mm
Hub s = 900 „
n = 125

Angenommen: Schwungraddurchmesser (für den Schwerpunkt des Kranzquerschnittes):

$$D' = 5 \cdot s = 5 \cdot 0,9 = 4,5 \text{ m}$$

Mittlere Umfanggeschwindigkeit

$$c = \frac{D' \pi n}{60} = \frac{4,5 \pi \cdot 125}{60} = 29,5 \text{ m/sek.}$$

Das nach der im sechsten Teil enthaltenen Anweisung aufgezeichnete Indikatordiagramm (100 mm Länge, Druckmaßstab 5 mm = 1 at) lieferte einen mittleren Druck

$$p_i = 4,9 \text{ kg/qcm.}$$

Die Massendrücke in den Totlagen betragen bei $\frac{G}{F} = 1,0$ kg/qcm und

$$v = \frac{0,9 \pi \cdot 125}{60} = 5,9 \text{ m/sek}$$

$$k_1 = \frac{G}{g F} \cdot \frac{v^2}{R} \left(1 + \frac{R}{l}\right) = \frac{1,0}{9,81} \cdot \frac{5,9^2}{0,45} \left(1 + \frac{1}{5}\right) = 9,5 \text{ kg/qcm}$$

$$-k_2 = \frac{1,0}{9,81} \cdot \frac{5,9^2}{0,45} \left(1 - \frac{1}{5}\right) = 6,3 \text{ kg/qcm.}$$

Nach Aufzeichnungen des abgewickelten Kolbendruck-, des Massendruck- und des Drehkraftdiagrammes ergibt sich die mittlere Widerstandshöhe des letzteren zu

$$p_w = \frac{p_i}{2 \pi} = \frac{4,9}{2 \pi} = 0,78 \text{ kg/qcm.}$$

Der Inhalt der größten Überschußfläche sei zu L = 3210 qmm planimetriert.

Der Wert a wird wie folgt berechnet:

1 mm Diagrammlänge bedeutet $\frac{0,9}{100} = 0,009$ m Hub

1 mm Diagrammhöhe bedeutet $\frac{1}{5} = 0,2$ kg/qcm

1 qmm Fläche bedeutet a = 0,009 · 0,2 = **0,0018 mkg/qcm**

Kranzgewicht $Q = 0.9 \, g \, \dfrac{a \, L \cdot F}{\delta \, c^2} = 0.9 \cdot 9.81 \, \dfrac{0.0018 \cdot 3210 \, \dfrac{60^2 \pi}{4}}{\dfrac{1}{100} \cdot 29.5^2} = 16\,600 \text{ kg}$

Kranzquerschnitt $f = \dfrac{Q}{2 \, R' \, \pi \, \gamma} = \dfrac{16{,}600}{2 \cdot 22{,}5 \, \pi \cdot 7{,}3} = 16{,}1 \text{ qdm}.$

Bei doppeltwirkenden und Mehrzylindermaschinen sind die Drehkraftdiagramme entsprechend übereinander zu schieben und es ist nach algebraischer Addition ihrer Ordinaten das resultierende Drehkraftdiagramm zur Berechnung von L zu benutzen.

Zur angenäherten Berechnung gibt Güldner für das Kranzgewicht folgende Formel:

$$Q = \dfrac{x \, (0{,}75 + \varrho) \, 90\,000 \, N_i}{\delta \, c^2 n} \text{ in kg}.$$

Hierin ist x der Gleichgangskoeffizient, der für die einzelnen Maschinenbauarten aus folgender Zahlentafel zu entnehmen ist, die für gleiche Zylinderdurchmesser und gleiche Hübe gilt:

Bauart		Zahl der Triebwerke	Zylinderzahl	Kurbelwinkel	Viertakt x =	Zweitakt x =
liegend	einfachwirkend	1	1	—	1,0	0,80
		2	2	0	0,85	—
		2	2	180°	1,20	0,25
	doppeltwirkend	1	1	—	1,20	0,24
		2	2	0	0,62	0,25
		1	2	—	0,325	0,56
		2	4	90°	0,28	0,40
stehend einfachwirkend						Dieselmaschine
		1	1	—	1,0	1,0
		2	2	0	0,85	0,89
		2	2	180°	1,20	1,17
		3	3	120°	0,65	0,75
		4	4	180°	0,265	0,25

ϱ ist das Verhältnis $\dfrac{p_c}{p_i} = \dfrac{\text{mittlerer Druck bei der Verdichtung}}{\text{mittlerer indizierter Druck}}$

und beträgt etwa bei:

    Leuchtgas $\varrho = 0{,}25\text{—}0{,}35$
    Kraftgas $\varrho = 0{,}35\text{—}0{,}45$
    Benzin $\varrho = 0{,}10\text{—}0{,}20$
    Rohöl $\varrho = 0{,}48\text{—}0{,}52$

D. Umsteuerungen.

Als umzusteuernde Maschinen kommen hier nur Schiffsmaschinen, und zwar im wesentlichen Dieselmaschinen in Betracht. Die einfachste Umsteuerung ist die der **Zweitaktmaschine mit Auspuffschlitzen** (Abb. 56). Da der Kolben diese Schlitze für

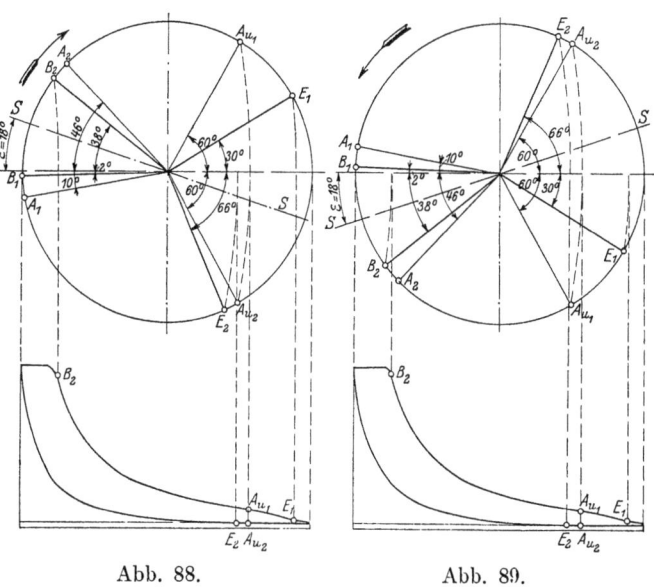

Abb. 88.   Abb. 89.

jede Drehrichtung bei der gleichen Kolbenstellung abschließt, ist nur die Umsteuerung von Einlaß-, Brennstoff- und Anlaßventil erforderlich. In Abb. 88 ist das Indikator- und Steuerdiagramm, z. B. für Vorwärtsgang, gezeichnet. Von Kurbelstellung B_1 bis B_2 ist das Brennstoffventil geöffnet, von $A u_1$ bis $A u_2$ die Auslaßschlitze, von E_1 bis E_2 die Einlaß- oder Spülluftventile. Beim Anlassen ist statt des Brennstoffventiles von A_1 bis A_2 das Anlaßventil geöffnet. Gibt man den Öffnungswinkeln für das Brennstoff-

und die Einlaßventile eine gemeinsame Symmetrieachse SS, so eilt diese bei den angegebenen Winkeln der Kurbelwelle um $\varepsilon = 18°$ vor. Dreht man nach Abb. 89 sämtliche Steuernocken, also die ganze Steuerwelle, um 2ε zurück, so wird die Symmetrieachse SS um $\varepsilon = 18°$ nacheilen, also denselben Zustand für die umgekehrte Drehrichtung einstellen. Die Umsteuerung erfolgt demnach in folgender Weise:

1. Brennstoffventil samt Anlaßventil ausrücken (Ruhestellung),
2. Steuerwelle entgegen der bisherigen Drehrichtung verdrehen, dann läuft die Maschine mit Druckluft rückwärts an,
3. Anlaßventil ausrücken, Brennstoffventil einrücken.

Das Verdrehen der Steuerwelle kann dadurch geschehen, daß in der senkrechten Übertragungswelle eine Kuppelung vorhanden ist, die beim Umsteuern verschoben wird und, z. B. mit schrägen Schlitzen, den oberen Teil der Welle verdreht.

Beim Umsteuern einer **Viertaktmaschine** wird meistens die ganze Nockenwelle verschoben, und zwar ist

1. **entweder** jeder Nocken doppelt vorhanden, je einer für Vorwärts- und Rückwärtsgang,
2. **oder** jeder Steuerhebel besitzt zwei entsprechend versetzte Rollen, die von denselben Nocken gehoben und gesenkt werden.

Die Nocken haben schräge Anläufe, wodurch die seitliche Entfernung der Steuerhebel ziemlich groß wird.

Das Schema der Umsteuerung einer mindestens sechszylindrigen kompressorlosen Viertaktmaschine nach der Ausführung der **Maschinenfabrik Augsburg-Nürnberg** zeigt Abb. 90 für ein Ventil. Die Steuerwelle ist mit o, die beiden nebeneinanderliegenden Nocken zum Antrieb der Ventilstange g sind mit i^1 und i^2 bezeichnet. Oben ist der um die Steuerhebelwelle schwingende Hebel z mit dem oberen Ende der Ventilspindel zu sehen. Beim Umsteuern wird die Steuerwelle o in ihrer Längsachse so verschoben, daß entweder der Nocken i^1 oder i^2 mit der Ventilrolle in Eingriff kommt, in folgender Weise: Durch das Handrad p wird unter Zwischenschaltung eines Schneckengetriebes q r zunächst das Kegelräderpaar dd^1 gedreht und damit durch die Kurbel e und den Hebel f die Rolle h mit der Ventilstange g seitlich in einer Ebene senkrecht zur Steuerwelle o so herausgeschwenkt, daß die Rolle h sich von den Nocken $i^1 i^2$ abhebt und außer Eingriff kommt; durch entsprechend gestaltete Nocken $k^1 k^2$, die auf der senkrechten Welle des Kegelrades d sitzen, werden dann die Winkelhebel $l_1 m$ und $l_2 m$ bewegt und bewirken die Verschiebung der

Umsteuerungen.

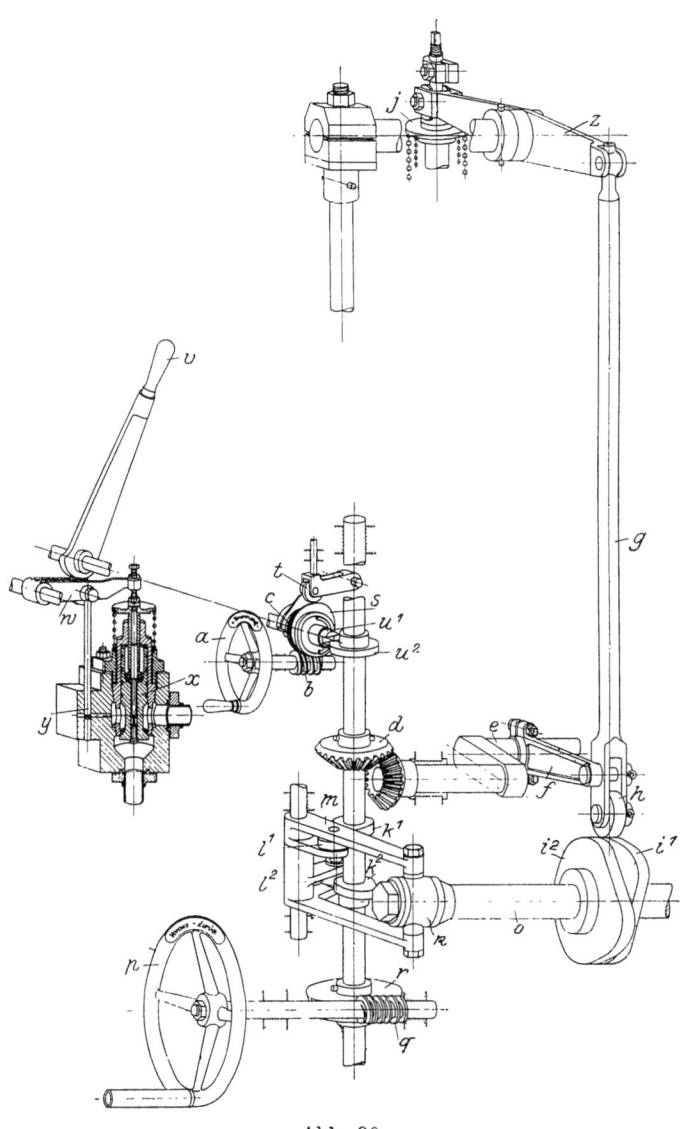

Abb. 90.

Steuerwelle o in axialer Richtung derart, daß an die Stelle des Nockens i^1 der Nocken i^2 (oder umgekehrt) unter die Rolle h zu liegen kommt. Durch weiteres Drehen des Steuerrades p wird die Ventilstange g wieder hereingeschwenkt, so daß die Rolle h wieder mit einem der beiden Nocken $i^1 i^2$ in Eingriff kommt. Mit der Umsteuerung ist eine Verblockung $u^1 u^2$ verbunden, die verhindert, daß mittels des Handrades a Brennstoff gegeben werden kann,

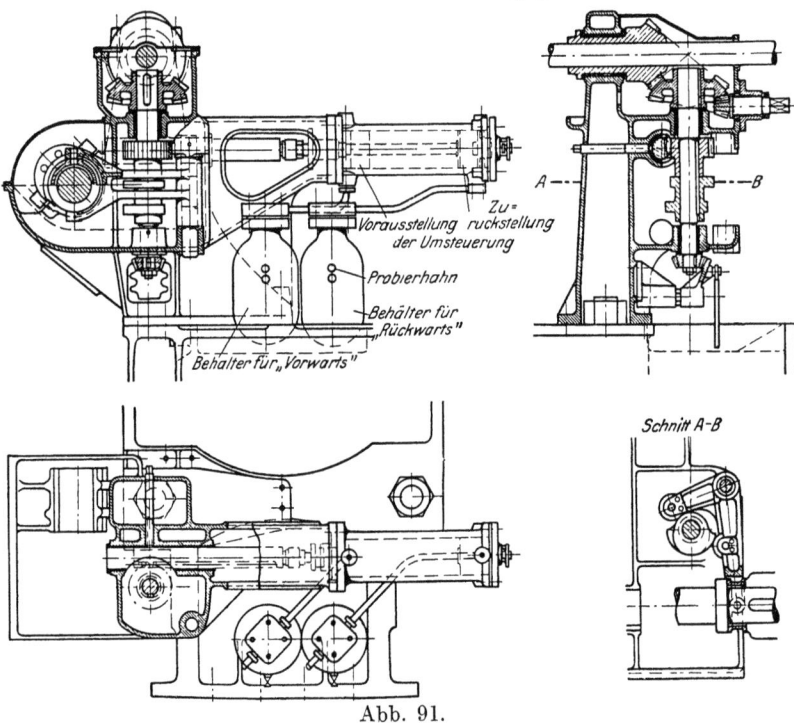

Abb. 91.

bevor die Umsteuerung in einer der beiden Endlagen ist. Das Anlassen geschieht durch den Handhebel v, der das Hauptanlaßventil x zur Wirkung bringt und den in den Zylinderdeckeln befindlichen Anlaßventilen Druckluft zuströmen läßt. Die letzteren werden durch einen im Ventil eingeschalteten Luftpuffer derart beeinflußt, daß sie nur dann öffnen, wenn der Druck im Zylinder niedriger ist als der Druck in der Anlaßleitung. Es kann somit schon beim Anfahren Brennstoff gegeben werden, da sich beim Einsetzen der Zündung die Anlaßventile selbsttätig ausschalten, wodurch beim Anlassen Druckluft gespart wird.

Eine andere Umsteuerung für größere Viertaktmaschinen der Maschinenfabrik Augsburg-Nürnberg [1]) zeigt Abb. 91, bei der die Verschiebung der Steuerwelle nicht von Hand, sondern mittels Drucköl erfolgt; links ist die Steuerwelle, oben die Steuerhebelwelle dargestellt. Im Augenblick des Umsteuerns wird die Steuerhebelwelle verdreht, wodurch sämtliche in exzentrischen Büchsen gelagerten Ventilhebel angehoben werden, so daß die Nocken freigehen. Die Kraft zur Betätigung der Umsteuerung wird durch Druckluft aus dem Einblase- oder Anlaßgefäß geliefert, indem man dieses Gefäß beim Umlegen des Umsteuerhebels mit dem einen oder anderen mit Öl gefüllten Behälter in Verbindung setzt. Der entstehende Öldruck treibt einen Kolben entweder nach rechts oder nach links und überträgt seine Bewegung mittels einer Zahnstange auf ein Ritzel. Dieses treibt eine senkrechte Welle, die durch Kegelradübertragung zuerst die Steuerhebelwelle verdreht und dann durch Nocken und Winkelhebel die Steuerwelle axial verschiebt. Schließlich werden die Ventilhebel durch weiteres Verdrehen ihrer Welle wieder an die Nocken angelegt. Wie bei der in Abb. 90 beschriebenen Bauart ist auch hier eine Verblockung von Anlaß- und Brennstoffventil eingerichtet.

Beim Antrieb der Ventile mit Rolle und Schubkurve (S. 83) kann man auch eine unmittelbar umsteuerbare Lenkersteuerung, z. B. die Klugsche, anwenden.

IV. Zündungen.

A. Abreißzündung.

Der Grundgedanke ist folgender: In den Verbrennungsraum der Maschine ragt ein isolierter Stift, gegen den sich ein Hebel legt, der auf einer nicht isolierten, dem Stift parallelen Achse befestigt ist. Ein elektrischer Strom, der durch die Berührungsstelle von Stift und Hebel geht, wird im gewünschten Zündungszeitpunkt durch Abreißen des Hebels vom Stift unterbrochen, wodurch an der Unterbrechungsstelle ein Öffnungsfunken entsteht, der die Zündung einleitet. Das Abreißen kann geschehen durch
1. Gestänge,
2. Elektromagneten.

Die Stromerzeugung kann erfolgen durch
1. Akkumulatoren,
2. Magnetinduktor,
3. Gleichstrommaschine oder Erregerdynamo einer Wechselstrommaschine unter Vorschaltung eines Widerstandes.

---
[1]) Z. d. V. d. I. 1925, S. 772.

Beispiele: **1. Abreißgestänge mit Magnetinduktor** (Bauart Bosch, Abb. 92 und 93). Zwischen den Polen eines kräftigen Stahlmagneten ist ein Doppel-T-Anker a drehbar, von dem der eine Pol mit dem Maschinengestell, der zweite mit dem isolierten Stift e' elektrisch leitend verbunden ist. Durch einen Daumen der Steuerwelle wird mittels eines Hebels b der Anker aus seiner Mittellage gebracht, wodurch eine oder zwei Federn gespannt werden.

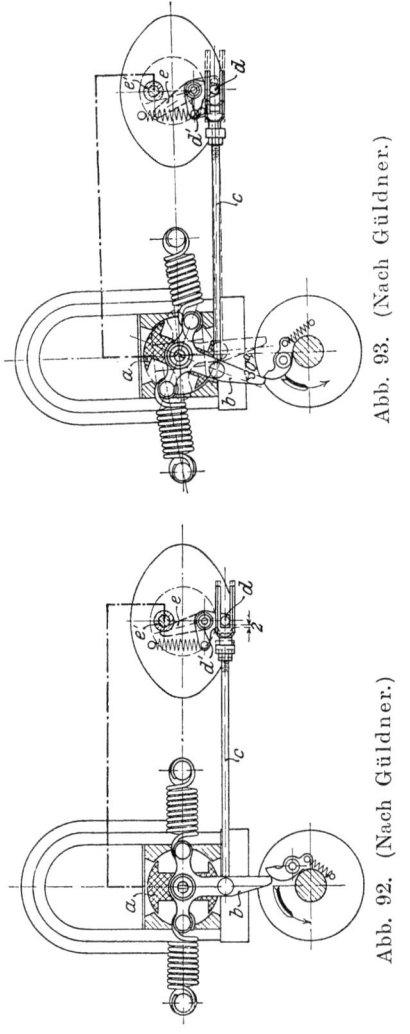

Abb. 93. (Nach Güldner.)

Abb. 92. (Nach Güldner.)

In einem bestimmten Augenblick schnappt der Hebel b vom Daumen ab und der Anker schnellt durch die Federkraft in seine Mittellage zurück. Dadurch entsteht ein elektrischer Stromstoß, der folgenden Weg nimmt: Vom einen Pol des Ankers durch eine isolierte Leitung nach dem Stifte e' und dem Zündhebel e, der gegen das Maschinengestell nicht isoliert ist und damit nach dem zweiten, ebenfalls nicht isolierten Pol des Ankers zurück. Gleichzeitig mit dem Anker schnellt die mit dem Hebel b verbundene Abreißstange c zurück, faßt mit der Gabel den Hebel d, der auf derselben Achse wie der innere Hebel e sitzt, und reißt dadurch letzteren vom Stift e' ab.

Diese Art der Zündung wird für ortsfeste Maschinen am meisten angewandt. Für schnellaufende, besonders Fahrzeugmaschinen, ist sie nicht brauchbar (s. Kerzenzündung); für Großgasmaschinen, die der Sicherheit und Schnelligkeit der Zündung wegen auf jeder Kolbenseite zwei bis vier Zündstellen erhalten, wird das Abreißgestänge zu massig und deshalb vielfach durch elektromagnetische Schlagvorrichtung ersetzt.

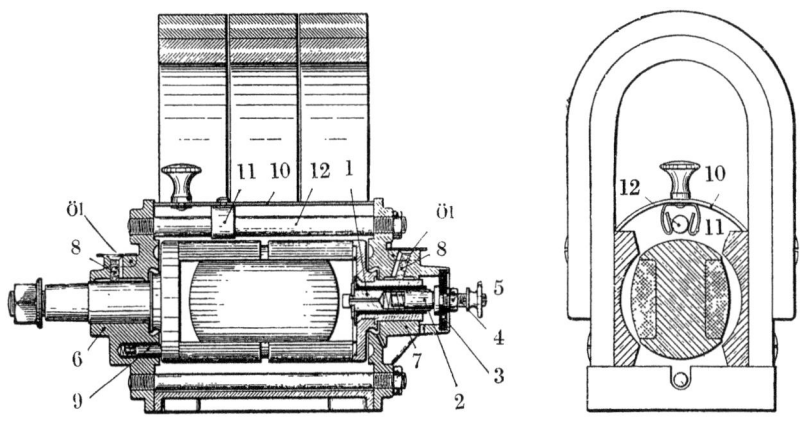

Abb. 94.

Die Einzelheiten des Boschschen Magnetinduktors ergeben sich aus Abb. 94. Der Anfang der Ankerwicklung ist am Eisen-

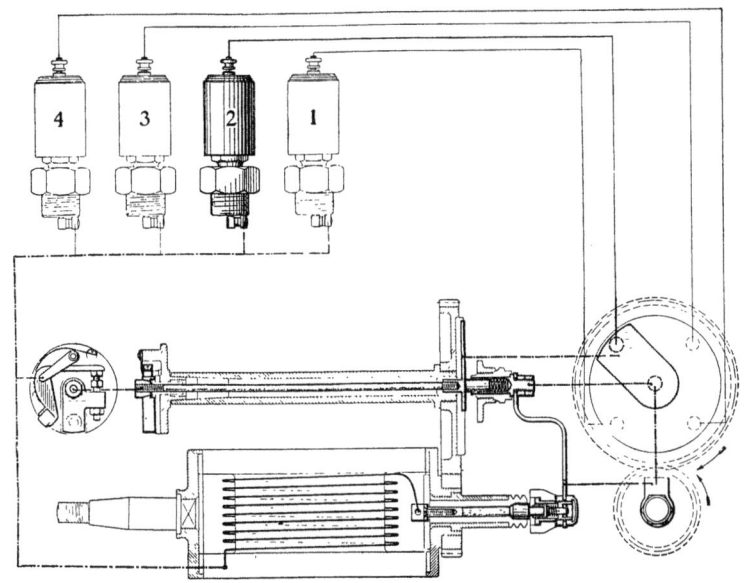

Abb. 95. (Nach Dubbel.)

körper des Ankers befestigt, das Ende mit der isolierten Metallhülse 1 verbunden, die in der hinteren Ankerplatte befestigt ist. In dieser Metallhülse befindet sich die Stromabnehmerkohle 2, die durch eine kleine Schraubenfeder gegen den Bolzen 4 gepreßt wird, der durch die Fiberplatte 3 isoliert ist und am Ende die Anschlußmutter 5 für den Leitungsdraht nach dem Zündstift trägt. Der Anker ist in den Lagerplatten 6 und 7 gelagert. Die Schmierung erfolgt durch die Filzdochte 8. Gegen die vordere Ankerplatte werden durch Federn einige Metallkohlenstifte 9 gedrückt, die den Strom vom Ankerkörper zu den übrigen, mit dem Maschinenkörper verschraubten Teilen des Apparates leiten, damit er nicht durch die Lager gehen muß, weil sonst diese durch Ausbrennen beschädigt werden könnten. 10 ist ein Staubdeckel, der durch die Federn 11 auf den Bolzen 12 geklemmt wird.

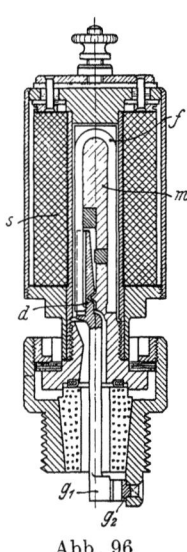

Abb. 96. (Nach Dubbel.)

2. Magnetkerze von Bosch. Ein Schema für vier Zündstellen ist in Abb. 95 dargestellt. Der unten gezeichnete Anker des Induktors läuft ständig um und treibt durch ein Stirnräderpaar eine Achse, auf der links ein Stromunterbrecher, rechts ein umlaufender Schalthebel sitzt, durch den der Strom der Reihe nach zu den einzelnen Zündstellen geführt wird. Die Zündstelle (Magnetkerze) ist in Abb. 96 besonders gezeichnet. Sobald ein Strom durch die Spule s fließt, wird der Eisenkern m magnetisch und zieht das um eine Schneide bewegliche Eisenstück d an; dadurch entfernen sich die Kontakte $g_1 g_2$ unter Funkenbildung voneinander. Die Feder f drückt das Eisenstück zurück, sobald der Strom unterbrochen wird.

B. Kerzenzündung.

Für schnellaufende Maschinen, besonders bei Fahrzeugen, verwendet man, unter Vermeidung von schwingenden Massen, hochgespannten Strom, der im geeigneten Augenblick frei über eine im Innern des Verdichtungsraumes der Maschine befindliche Unterbrechung von 0,2 bis 0,5 mm Weite unter Funkenbildung überspringt. Der Grundgedanke der Einrichtung ergibt sich aus Abb. 97. Der ständig umlaufende Anker des Magnetinduktors ist mit zwei

Kerzenzündung.

Wicklungen versehen, nämlich einer aus wenigen Windungen starken Drahtes (Primärwicklung), die einen umlaufenden Unterbrecher enthält und in sich kurz geschlossen ist, und einer aus sehr vielen Windungen dünnen Drahtes (Sekundärwicklung), die unter Einschluß der Zündstelle in sich kurz geschlossen ist. Parallel zur Primärwicklung ist ein aus isolierten Stanniolblättern bestehender Kondensator geschaltet, der nach Art der Leydener Flasche sich lädt und die Wirkung bedeutend verstärkt. Im Zündungsaugenblick wird der Hauptstrom unterbrochen und in der Sekundärwicklung entsteht ein Induktionsstrom von etwa 10000 bis 15000 Volt, der imstande ist, die Zündstelle durch einen Funken zu überbrücken. Die Ausführung einer Zündkerze nach Bosch

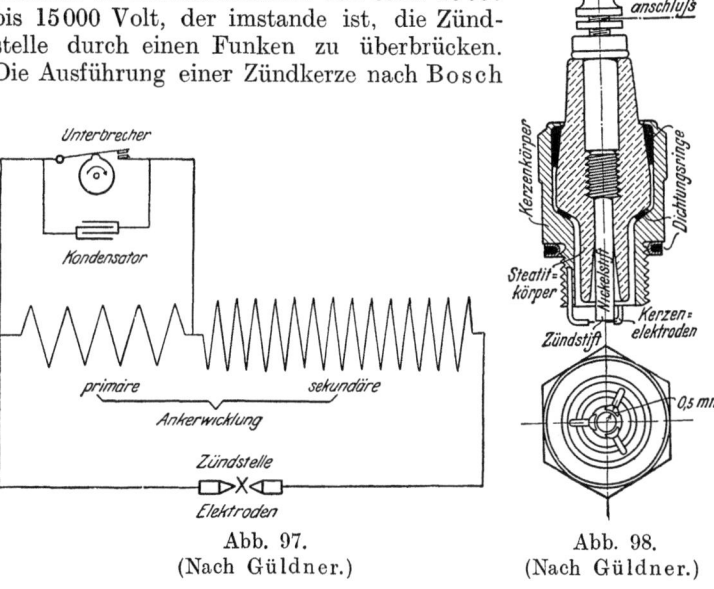

Abb. 97.   Abb. 98.
(Nach Güldner.)   (Nach Güldner.)

ergibt sich aus Abb. 98. Hier sind für eine Zündstelle der Sicherheit wegen drei parallel geschaltete Unterbrechungen vorgesehen, damit die Zündung in einem etwas größeren Raum eingeleitet wird.

Da der Induktor erst bei einer gewissen Drehzahl eine zur Funkenbildung genügende Spannung liefert, ist zum Anlassen eine Hilfszündung notwendig, die durch einen Strom aus Trockenelementen, Akkumulator- oder Hilfsinduktor betätigt wird. Die letztere Art ist die gebräuchlichere und in Abb. 99 nach der Boschschen Ausführung dargestellt. Der Anlaßmagnetapparat erzeugt beim Drehen eine Reihe rasch aufeinander folgender Funken, die

106 Zündungen.

in der Kerze desjenigen Zylinders überspringen, dessen Kolben sich gerade vor dem Arbeitshub befindet. Die Hilfszündung kann mit einer besonderen Handkurbel vom Führersitz aus oder mit der Motorandrehkurbel betrieben werden.

Die neueste Ausführung besteht in der Verbindung von Licht-Zündmaschinen und Anlasser (Bosch). Der Fahrzeugmotor treibt eine mit dem Magnetinduktor auf derselben Welle angeordnete Dynamomaschine an, die mit einer Akkumulatorenbatterie von 12 Volt und einem Gleichstrommotor parallel geschaltet ist, der zum Anfahren des Fahrzeugmotors dient. Mit dieser Einrichtung sind

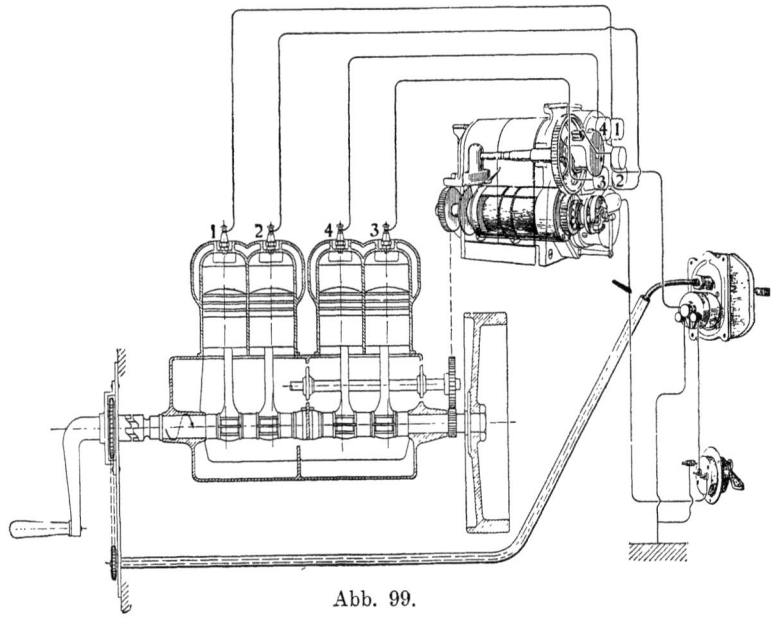

Abb. 99.

folgende Möglichkeiten gegeben: Bei normaler Fahrt erfolgt die Zündung in den Motorzylindern durch den Magnetinduktor und die Speisung der Lampen zur Beleuchtung des Wagens und der Fahrstraße durch die Dynamomaschine; diese ladet auch gleichzeitig den Akkumulator auf. Bei Stillstand des Wagens liefert der Akkumulator den Strom für die Lampen. Zum Anlassen des Fahrzeugmotors wird durch Niederdrücken eines Knopfes vom Führersitz aus der Strom von der Batterie in den Anlaßmotor geleitet und damit der Fahrzeugmotor so lange gedreht, bis er seine erste Zündung erhält; hierauf schaltet sich der Anlasser selbsttätig aus.

V. Die Brennstoffe.
A. Allgemeines.

Man unterscheidet feste, flüssige und gasförmige Brennstoffe. Während die beiden letzteren in Verbrennungskraftmaschinen ohne weiteres verbrannt werden können, müssen die festen vorher in den gasförmigen Zustand übergeführt werden. Kennzeichnend für die Brennstoffe ist:

1. Die chemische Zusammensetzung, wobei besonders der Gehalt an Kohlenstoff und Wasserstoff maßgebend ist.
2. Das spezifische Gewicht, angegeben in kg/cbm bei gasförmigen und in kg/cdm bei festen und flüssigen Brennstoffen.
3. Der Heizwert, d. h. diejenige Anzahl von Wärmeeinheiten (kg-Kal.), die bei der Verbrennung von 1 kg festen oder flüssigen oder 1 cbm gasförmigen Brennstoffes entsteht; in letzterem Falle wird der Heizwert gewöhnlich auf $0°$ und 760 mm Druck bezogen. Der Heizwert wird am genauesten kalorimetrisch festgestellt[1]; für feste Brennstoffe mit der Berthelot-Mahlerschen Bombe, für flüssige und gasförmige mit dem Junkersschen Kalorimeter.
4. Der Preis, der für feste und flüssige Brennstoffe in M/100 kg oder M/t, für gasförmige in Pf/cbm angegeben wird.
5. Aus 3 und 4 läßt sich der Wärmepreis, d. h. die Kosten für 1000 oder 100 000 WE berechnen.

B. Gasförmige Brennstoffe.
1. Leuchtgas.

Dieses wird in meistens städtischen Gasanstalten durch Destillation von Steinkohle erzeugt und hauptsächlich zu Leucht- und Kochzwecken verwendet. Infolge seiner Reinheit ist es für kleinere Maschinen ein bequemes Treibmittel, für größere ist es zu teuer. Das rohe Leuchtgas enthält neben den weiter unten genannten Bestandteilen noch Beimengungen, die z. T. wertvolle Nebenerzeugnisse liefern:

Teer, Ausgangsstoff für ganze Zweige der chemischen Industrie, wie Benzol, Anilinfarben, Süß- und Riechstoffe usw.

---

[1] Siehe des Verfassers Anleitung zur Durchführung von Versuchen an Dampfmaschinen usw. 8. Aufl., Berlin: Julius Springer 1927.

Ammoniak NH_3, wird durch Einleiten des Rohgases in Schwefelsäure zu schwefelsaurem Ammoniak gebunden, das als Düngemittel verwendet wird.

Benzol C_6H_6, wird durch Auswaschen mit einem besonderen Öl entfernt.

Schwefelwasserstoff H_2S, ist den Brennern schädlich.

Naphthalin $C_{10}H_8$.

Die Hauptteile einer Gasanstalt sind: Retortenofen, Wasservorlage, Waschtürme zur Entfernung des Ammoniaks, Teer- und Naphthalinabscheider, Filter mit Raseneisenerz zur Entfernung des Schwefelwasserstoffes, Gaspumpen, Gasbehälter. Die Bestandteile des reinen Gases, die im wesentlichen von der Zusammensetzung der Kohle abhängen, enthält folgende Zahlentafel:

brennbar	Kohlenoxyd	$CO = $	4	bis 11	$^0/_0$
	Wasserstoff	$H = $	45	,, 50	,,
	Sumpfgas oder Methan	$CH_4 = $	30	,, 43	,,
	Schwere Kohlenwasserstoffe $C_nH_{2n} = $		3	,, 6	,,
nicht brennbar	Kohlensäure	$CO_2 = $	1	,, 3	,,
	Sauerstoff	$O = $	0	,, 1,5	,,
	Stickstoff	$N = $	1	,, 6	,,

Spezifisches Gewicht $\sim$ 0,5 kg/cbm

Heizwert $\sim$ 5000 WE/cbm

Theoretische geringste Luftmenge zur Verbrennung $\sim$ 5 cbm/cbm.

Zwischen Maschine und Gasmesser wird gewöhnlich ein Gasdruckregler und ein Gummibeutel eingeschaltet; letzterer zur Dämpfung der Druckschwankungen im Leitungsnetz, die das stoßweise Ansaugen verursacht.

In neuerer Zeit wird in den Gasanstalten dem Steinkohlengas vielfach Wassergas beigemischt, das durch abwechselndes Durchleiten von Luft (Warmblasen) und Wasserdampf (Gasperiode) durch eine hohe glühende Koksschicht erzeugt wird. Dadurch werden die Erzeugungskosten infolge Ersparnis an Bedienungsmannschaft verbilligt, jedoch auch der Heizwert herabgedrückt.

2. Kraftgas.

Das Kraft- oder Generatorgas wird in besonderen zylindrischen Schachtöfen, die aus Schmiedeeisen hergestellt und mit Schamottesteinen ausgemauert sind, erzeugt, indem ein Gemisch aus Wasserdampf und Luft durch eine hohe glühende Brennschicht geleitet wird. Im unteren Teil des Generators, auf dem Rost, wird eine vollkommene Verbrennung eingeleitet, weiter oben wird sie durch entsprechende Bemessung der Schachthöhe unvollkommen

Gasförmige Brennstoffe.

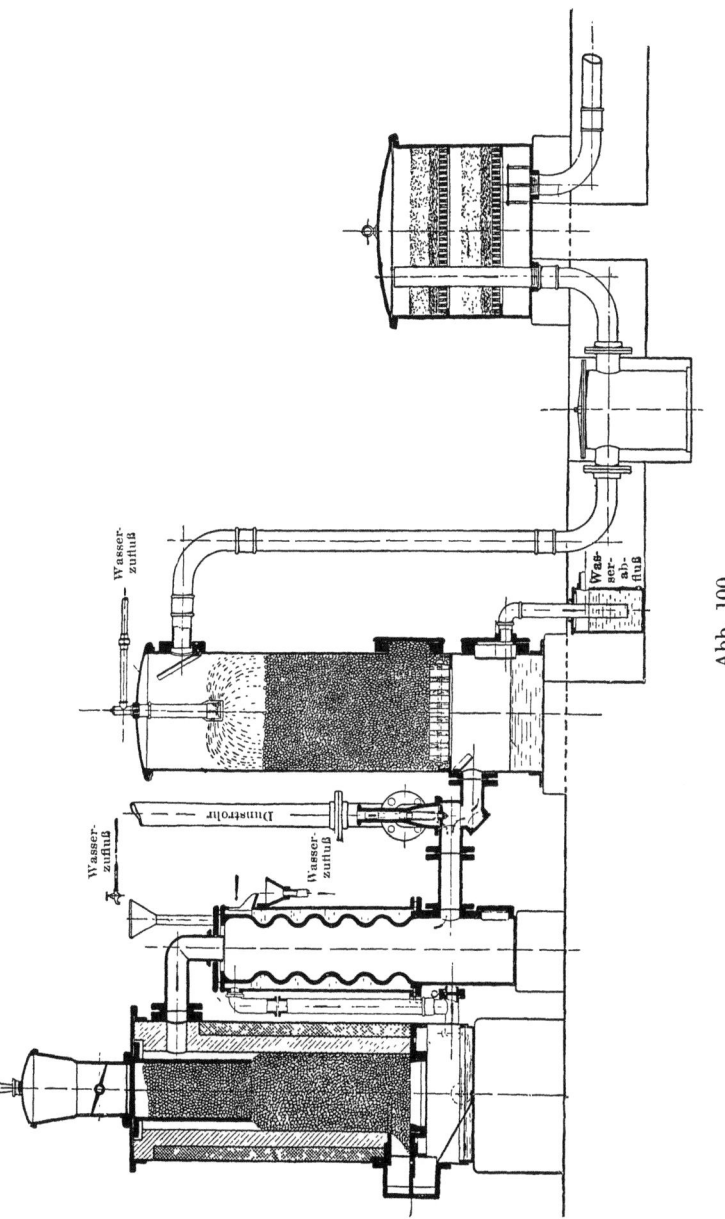

Abb. 100.

gestaltet; nur dadurch ist die Bildung brennbarer Gase möglich. Als Brennstoff dienen:
a) Anthrazit,
b) Koks,
c) Braunkohlenbrikett,
d) Torf.

Die hauptsächlichsten chemischen Vorgänge sind folgende:

I. Auf dem Rost verbrennt der Kohlenstoff zu Kohlensäure:
$$C + 2O = CO_2$$

II. In der Zone der unvollkommenen Verbrennung verbindet sich die Kohlensäure mit dem Kohlenstoff zu Kohlenoxyd:
$$CO_2 + C = 2CO$$

III. Der Wasserdampf wird durch den glühenden Brennstoff zersetzt, wobei sich der Sauerstoff mit dem Kohlenstoff zu Kohlenoxyd verbindet, während der Wasserstoff frei wird:
$$H_2O + C = CO + 2H.$$

Das Kraftgas besteht demnach im wesentlichen aus Kohlenoxyd, Wasserstoff und dem unverändert gebliebenen Stickstoff der durchgeleiteten Luft; dazu noch etwas CO_2, CH_4 und schwere Kohlenwasserstoffe.

Je nachdem Luft und Wasserdampf mittels besonderer Vorrichtungen durch die Brennstoffschicht hindurchgepreßt oder durch die Saugewirkung der Maschine selbst hindurchgesaugt werden, unterscheidet man Druck- und Sauggasanlagen.

Als Beispiel ist in Abb. 100 eine Sauggasanlage von Gebr. Körting, Hannover, dargestellt, die mit **Koks** oder **Anthrazit** betrieben werden kann. Der links gezeichnete Generator ist ein allseitig geschlossener, schmiedeeiserner, zylindrischer, mit Schamotte ausgemauerter Schachtofen, auf dessen Rost eine hohe Brennstoffschicht liegt. Die Feuertür ist während des Betriebes geschlossen und wird nur zum Anheizen und Abschlacken geöffnet; der Aschenfall ist mit Wasser gefüllt. Die Brennstoffzuführung erfolgt von oben durch einen Doppelverschluß und einen am Deckel sitzenden Rohrstutzen. Wenn die Maschine läuft, entsteht im Innern der ganzen Anlage, also auch im Generator, während des Saugehubes ein Unterdruck, und die Luft aus dem seitlichen Rohr tritt unter den Rost. Das entstehende heiße Gas zieht oben aus dem Generator ab und durchströmt das Heizrohr des Verdampfers, der seitlich offen ist. Während des Saugehubes strömt durch diese seitliche Öffnung Luft ein, sättigt sich an der Wasseroberfläche mit Dampf und zieht unter den Rost. Der Wasserspiegel im Verdampfer wird durch Wasser-Zu- und Überlauf mit Trichterrohr auf gleicher Höhe erhalten. Das Gas strömt weiter durch den Wäscher (Skrubber), der mit Koks gefüllt ist und mit Wasser berieselt

Gasförmige Brennstoffe. 111

wird; letzteres fließt unter Einschaltung eines Wasserverschlusses ab, der den Zweck hat, das Einsaugen von Luft zu verhindern. Das aufgenommene Wasser wird zunächst im Wassertopf abgeschieden, seine letzten Reste, sowie sonstige Verunreinigungen werden in einem Reiniger entfernt, der mit Sägespänen gefüllt ist und den das Gas mit Richtungswechsel durchströmt. Zum Ingangsetzen der Anlage ist zwischen Verdampfer und Reiniger ein Wechselventil mit Dunstrohr eingeschaltet. Während des Betriebes legt das Gas den beschriebenen Weg zurück, und die Maschine saugt bei jedem Saugehub die zum nächsten Arbeitshub notwendige Gasmenge selbst an und hält dadurch den Generator in Brand. Will man die Maschine stillsetzen, so wird das Wechselventil umgeschaltet, so daß der zwischen diesem und der Maschine befindliche Teil der Anlage abgeschlossen wird und mit brauchbarem Gas gefüllt bleibt, während durch die Saugewirkung des Dunstrohres ein schwacher Luftstrom durch den Generator zieht und diesen in Brand hält. Soll die Maschine wieder angelassen werden, so drückt oder saugt man mittels eines Ventilators Luft durch den Generator und entläßt das zunächst entstehende Gas so lange durch das Dunstrohr, bis eine dort an einem Hahn zu entzündende Probeflamme ruhig brennt. Nach einer Blasezeit von 5—10 Minuten ist die Temperatur im Innern des Generators wieder so hoch, daß der Betrieb von neuem begonnen werden kann. Das Wechselventil wird so gestellt, daß es die Verbindung des Verdampfers mit dem Wäscher wiederherstellt und das Dunstrohr abschließt; hierauf wird die Maschine angelassen.

Die Vergasung von **Braunkohlenbrikett** bereitet wegen der Teerbildung Schwierigkeiten, die nur durch besondere Bauart des Generators zu überwinden sind. Hier wird die Luft oben und unten zugeführt, so daß sich zwei Brennzonen bilden; das Absaugen des Gases erfolgt in der Mitte. Die Schwelgase werden beim Durchziehen durch die Glühzone in nicht kondensierbare Gase zersetzt, so daß sich kein Teer abscheiden kann. Wasserdampf wird nicht zugeführt, da die Briketts ohnehin genügend Wasser enthalten.

Ähnlich sind die Generatoren zur Vergasung von **Torf** gebaut, nur müssen hier wegen des größeren Wassergehaltes die Schwelgase des oberen Feuers durch eine Umführungsleitung unter den Rost des unteren Feuers geführt werden, damit sie infolge der höheren Temperatur des letzteren sicher zersetzt werden.

Abb. 101 zeigt eine Körtingsche Anlage für Braunkohlenbrikett, bei der ein Teil des erzeugten Gases für Heizzwecke verwendet werden kann. Zwischen Reiniger und den Verwendungs-

112 Die Brennstoffe.

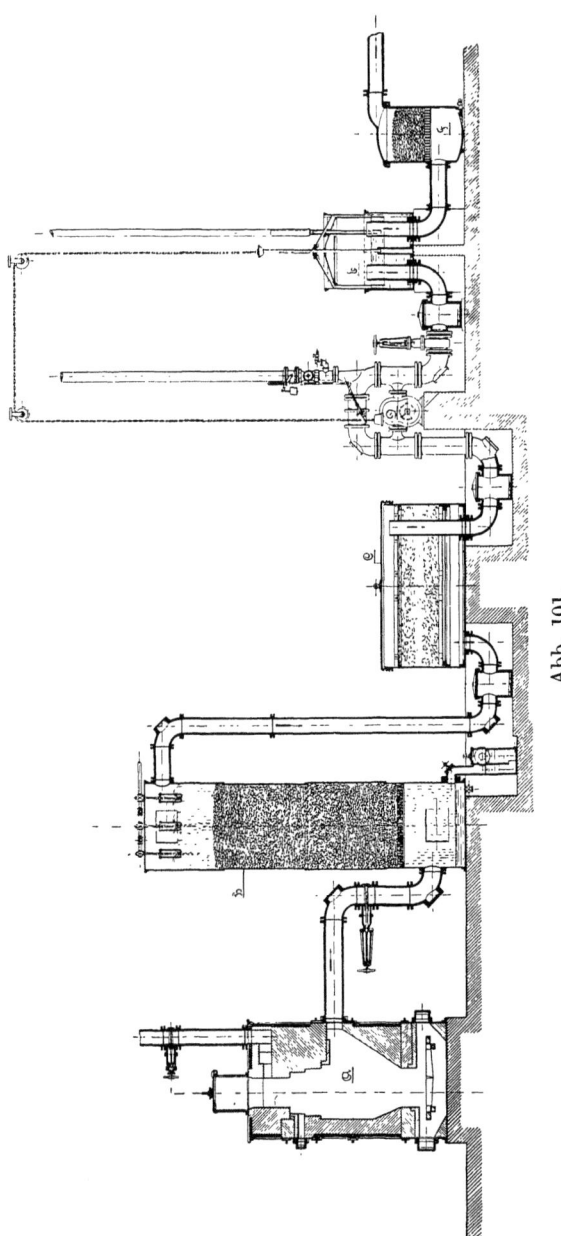

Abb. 101.

Gasförmige Brennstoffe. 113

stellen ist ein Gebläse eingebaut, das das Gas einerseits absaugt und anderseits unter Druck setzt und den Verwendungsstellen zuführt. Von der Sauge- zur Druckstelle des Gebläses ist ein Umführungsrohr geleitet, das eine selbsttätige Drosselklappe enthält. Letztere folgt durch Kettenübertragung dem Steigen und Fallen einer Gasglocke und läßt Gas aus der Druck- in die Saugeleitung zurückströmen, sobald der Druck zu hoch wird.

Durchschnittswerte für die gebräuchlichsten Brennstoffe sind nach Güldner:

Brennstoff	Heizwert des Brennstoffes WE/kg	Gasmenge cbm/kg	Gaszusammensetzung in Volum-%					Heizwert des Gases WE/cbm
			CO	H	CH_4	CO_2	N	
Anthrazit ...	8000	4,8	16,6	24,2	2,0	11,3	45,9	1300
Gaskoks ...	7000	4,5	27,6	7,0	2,0	4,8	58,6	1200
Braunkohlenbrikett ...	5000	3,0	15,2	26,7	2,4	11,9	43,8	1300
Torf	2400	1,3	15,0	10,0	4,0	14,0	57,0	1350

3. Hochofen- und Koksofengas.

Beide Gase sind Nebenerzeugnisse der Hüttenwerke bzw. Steinkohlenzechen. Der Hochofen kann mit einem Koksgenerator, der Koksofen mit einer Leuchtgasanstalt verglichen werden. Während jedoch beim Koksgenerator das entstehende Gas das Haupterzeugnis bildet, ist der Hauptzweck des Hochofens die Herstellung der zur Reduktion des Eisenerzes erforderlichen Temperatur und das Gichtgas ist verwertbarer Abfall. Der Hauptzweck der Gasanstalt ist die Gasbereitung, wobei der Koks als wertvolles Nebenerzeugnis abfällt; dagegen ist das Haupterzeugnis des Koksofens der für den Hüttenbetrieb notwendige Koks, während die Abgase nebenher zur Verfügung stehen. Dieser Verschiedenheit der Prozesse entsprechend besitzen beide Gase ganz verschiedene Zusammensetzung und Heizwerte; während das Koksofengas Ähnlichkeit mit dem Leuchtgas hat, ist das Hochofengas dem Generatorgas ähnlich zusammengesetzt, wie die Vergleiche mit den Zahlentafeln S. 60 und 108 beweisen.

Durchschnittswerte für

Koksofengas:

brennbar
- Kohlenoxyd . . . . CO = 7 bis 10 %
- Wasserstoff . . . . H = 49 „ 55 „
- Sumpfgas oder Methan . . CH_4 = 27 „ 32 „
- Schwere Kohlenwasserstoffe C_nH_{2n} = 2 „ 4 „

nicht brennbar { Kohlensäure .... CO_2 = 1 bis 3 %
Stickstoff .... N = 2 ,, 6 ,,
Wasserdampf .... H_2O bis 1 %

Spezifisches Gewicht $\sim$ 0,5 kg/cbm
Heizwert 4000—5000 WE/cbm
Geringste theoretische Luftmenge zur Verbrennung $\sim$ 5 cbm/cbm.

Hochofengas:

brennbar { Kohlenoxyd .... CO = 26 bis 30 %
Wasserstoff .... H $\sim$ 3 ,,
Sumpfgas oder Methan .. CH_4 $\sim$ 0,5 ,,

nicht brennbar { Kohlensäure .... CO_2 = 9 ,, 10 ,,
Stickstoff .... N = 54 ,, 56 ,,
Wasserdampf ...... H_2O $\sim$ 5 ,,

Spezifisches Gewicht $\sim$ 1,25 kg/cbm
Heizwert 700—1000 WE/cbm
Geringste theoretische Luftmenge zur Verbrennung bis 0,7 cbm/cbm.

Beide Gase müssen vor der Verwendung zum Maschinenbetrieb gründlich gereinigt werden, und zwar das Koksofengas ähnlich wie das Leuchtgas, und das Gichtgas in folgender Weise: Da das Gichtgas bis zu mehreren Grammen Staub in 1 cbm[1]) enthält, muß dieser durch Staubsäcke (etwa 20 m hoch, 8—12 m Durchmesser) und dann entweder durch Waschapparate (Kühler) mit hintergeschaltetem Zentrifugalreiniger (Naßreinigung) oder durch Baumwollfilter (Trockenreinigung) sorgfältig entfernt werden. Die Rohrleitungen sind so auszuführen, daß der Staub leicht beseitigt werden kann. Die Maschinenzylinder werden im Innern so ausgebildet, daß eine Ablagerung von Staub möglichst verhindert wird, da letzterer glüht und dadurch die Gefahr von Frühzündungen bildet.

Die Gichtgase der Hochöfen werden zu etwa 35—50 % zur Winderhitzung verwendet, so daß für Kraftzwecke etwa 65—50 % zur Verfügung stehen. Diese hat man früher ausschließlich unter Dampfkesseln verheizt, die den Dampf für die Gebläse- und andere Maschinen liefern, was vielfach auch heute noch geschieht. Wirtschaftlicher ist jedoch die unmittelbare Verbrennung der Gichtgase in Gasmaschinen, die jetzt in Größen bis zu mehreren Tausend Pferdestärken ausgeführt werden, wie folgendes **Beispiel** zeigt:

---

[1]) Welche Mengen sich ergeben können, zeigt folgendes Beispiel: Eine 1000pferdige Maschine gebrauche 3 cbm Gas für 1 PS-Std., das 5 g Staub/cbm enthält. Die **tägliche** Staubmenge ist dann

$$5 \cdot 3 \cdot 1000 \cdot 24 = 360\,000 \text{ g} = \mathbf{360 \text{ kg}}.$$

Gasförmige Brennstoffe. 115

Ein Hochofen liefere für je 1 t Koksverbrauch 3500 cbm Gas, von dem 60%, also $\sim$ 2000 cbm für Kraftzwecke verfügbar sind. Benützt man diese zur Heizung von Dampfkesseln, so stehen bei Annahme eines Heizwertes von 900 WE/cbm und eines Kesselwirkungsgrades von 0,7 täglich

$$2000 \cdot 900 \cdot 0,7 = 1\,260\,000$$

ausnützbare WE zur Verfügung. Nimmt man die Erzeugungswärme des Dampfes zu 700 WE/kg (Heißdampf) und den Dampfverbrauch der Maschine zu 5,5 kg/PS-Std an, so ist der tägliche Wärmeverbrauch für 1 PS

$$700 \cdot 5,5 \cdot 24 = 92\,000 \text{ WE},$$

also können mit den verfügbaren 1 260 000 WE

$$\frac{1\,260\,000}{92\,000} = 12,6 \text{ PS}$$

erzeugt werden.

Für die Gasmaschine ergibt sich dagegen folgendes: Bei einem Gasverbrauch von 3 cbm/PS-Std kann man mit den genannten 2000 cbm Gas eine Leistung von $\frac{2000}{24 \cdot 3} = 28$ PS erzeugen, also etwa 15 PS für jede Tonne Koks mehr. Ein Hochofenwerk mit 1000 t täglichem Koksverbrauch würde demnach bei

Dampfbetrieb . . . . 12,6 · 1000 = 12 600 PS
Gasmaschinenbetrieb . 28 · 1000 = 28 000 PS

leisten können. Die letztere Leistung ist meistens größer als der Eigenbedarf des Werkes, so daß der Überschuß in Form von elektrischer Energie verkauft werden kann.

In vielen Fällen besteht die Möglichkeit zur ausgedehnten Verwendung von Abhitze, und zwar läßt sich sowohl der größte Teil der Wärme der Auspuffgase als auch ein Teil der Kühlwasserwärme wiedergewinnen. Die Auspuffgase werden durch einen Dampfkessel geleitet, der nach der Ausführung der Maschinenfabrik Augsburg-Nürnberg aus einem wagerechten Röhrenkessel zur Dampferzeugung, einem darüber gelagerten Röhrenvorwärmer und einem vor dem Dampfkessel befindlichen, ebenfalls als Röhrenkessel ausgebildeten Überhitzer besteht. Die Abgase durchziehen erst den Überhitzer, dann den Dampfkessel und zuletzt den Vorwärmer, das Speisewasser bzw. der Dampf bewegen sich dazu im Gegenstrom. Im Vorwärmer wird das Speisewasser fast auf Dampftemperatur vorgewärmt. Man kann mit der Abhitze etwa 1 kg Dampf/KWStd. erzeugen. Die Kühlwasserwärme läßt sich in folgender Weise ausnützen:

8*

1. Das Kühlwasser unmittelbar mit einer Temperatur von 40—60° C für Wäscherei, Färberei, Reinigungszwecken, Bäder und andere gewerbliche Zwecke unter der Voraussetzung, daß es frei von Kesselsteinbildnern ist.

2. Heißwasserkühlung. Der Kreislauf des Kühlwassers erfolgt in den Kühlmänteln mit einem Druck von 4—5 Atm. und einer Temperatur von 110—130° C. Der offene Abfluß des Kühlwassers im Trichterrohre fällt dann weg und es wird in den Kreislauf ein Walzenkessel mit Drosselventil eingeschaltet. Das Kühlwasser macht dann folgenden Weg: Aus dem genannten Kessel durch die Umwälzpumpe nach der Gasmaschine, dann durch das Drosselventil, in dem eine Entspannung auf z. B. 0,5 at erfolgt, nach dem Kessel. Infolge der Endspannung von z. B. 5 at auf 0,5 at und der über Siedetemperatur liegenden Wassertemperatur verdampft ein Teil des Wassers, der durch Nachspeisung von enthärtetem Wasser ersetzt wird. Der erzeugte Dampf findet Verwendung zu Heizzwecken oder in einer Abdampfturbine. Eine solche, in großem Maßstab ausgeführte Anlage hat gezeigt, daß die Heißwasserkühlung weder auf die Haltbarkeit noch auf die Leistung der Gasmaschine nachteilig einwirkt.

C. Flüssige Brennstoffe.

Diese müssen vor ihrer motorischen Verbrennung verdampft und mit Luft gemischt werden; eine Ausnahme machen die Gleichdruckmaschinen, die, wie früher besprochen, Brennstoffe in flüssigem Zustand verwenden. Man unterscheidet

I. Destillationserzeugnisse des Erdöles,
II.   ,,   ,, Steinkohlenteeres,
III.   ,,   ,, Braunkohlenteeres,
IV. Spiritus.

1. Das Erdöl und seine Destillate.

Das Erdöl besteht hauptsächlich aus 80—86°/₀ C und 10—13°/₀ H und kommt aus großen, durch Bohrlöcher erschlossenen Lagern, hauptsächlich aus Nordamerika (Pennsylvanien) und dem Kaukasusgebiet (Baku), dann auch aus Galizien und Rumänien. Durch fraktionierte Destillation (bei stufenweise gesteigerter Temperatur) werden vier sog. Fraktionen aufgefangen:

a) Benzin, das sind die leichtsiedenden Destillate, die bis zur Temperatur von 150° übergehen,

Flüssige Brennstoffe.

b) **Petroleum**, geht zwischen 150° und 300° über,

c) **Gasöl**, auch Mittel-, Blau- oder Grünöl genannt, geht bei Temperaturen über 300° über,

d) **Masut**, die Rückstände, die auf Schmieröl verarbeitet oder an der Erzeugungsstelle als Treiböl in Dieselmaschinen verwendet werden.

a) Benzin. Die amerikanischen und galizischen Benzine gehören der Methanreihe (C_nH_{2n+2}) an, bestehen also aus: Pentan C_5H_{12}, Hexan C_6H_{14}, Heptan C_7H_{16}, Oktan C_8H_{18}, während die russischen Benzine vorwiegend Glieder der Naphthenreihe (C_nH_{2n}) enthalten, also: Zyklohexan C_6H_{12}, Heptanaphthen C_7H_{14} usw. Im Handel werden folgende Benzinsorten unterschieden:

Bezeichnung	Spez. Gewicht bei 15° C	Siedegrenze °C
Gasolin I (Petroläther)	0,65 —0,66	30—80
Gasolin II (Leichtbenzin) ...	0,66 —0,68	30—95
Autoluxusbenzin	0,69 —0,70	50—105
Automobilbenzin I	0,70 —0,705	50—110
Motorenbenzin I	0,715—0,72	50—115
Handelsbenzin	0,725—0,735	70—115
Waschbenzin (Ligroin)	0,74 —0,75	80—120
Schwerbenzin (Lackbenzin) ..	0,75 —0,76	80—130

Der geringste theoretische Luftbedarf ist 12—13 cbm/kg, der Heizwert etwa 10 000 WE/kg. Wegen seiner Leichtflüchtigkeit ist Benzin in hohem Maße feuergefährlich[1]) und darf deshalb nie **in der Nähe offener Flammen abgefüllt** werden.

b) Petroleum, das ebenfalls etwa 10 000 WE/kg Heizwert besitzt, wird als Treiböl nur noch selten verwendet.

c) Gasöl ist heute der hauptsächlichste Treibstoff für Dieselmaschinen, da das Steinkohlenteeröl infolge seines hohen Preises in Deutschland für Dieselmaschinen nicht mehr in Frage kommt. Letzteres wird hauptsächlich zu Inprägnierungszwecken ausgeführt.

2. Destillate des Steinkohlenteeres.

Der Teer entsteht bei der Leuchtgasbereitung und der Kokerei als Nebenerzeugnis. Seine Zusammensetzung ist verschieden, je

---

[1]) Der Verkehr mit Mineralölen ist durch besondere polizeiliche Verordnungen geregelt.

nachdem er einem Horizontal-, Vertikal- oder Kammerofen entstammt. Er wird in vier Fraktionen destilliert:

	Spez. Gewicht kg/cdm	Siedegrenze ⁰C
Leichtöl	0,91—0,95	bis 170
Mittelöl	1,01	„ 230
Schweröl	1,04	„ 270
Anthrazenöl	1,1	„ 320

Der Rückstand ist Pech.

Das **Leichtöl** wird durch Destillation in drei Fraktionen getrennt:

Leichtbenzol bis zum spez. Gewicht 0,89
Schwerbenzol „ „ „ „ 0,95
Karbolöl „ „ „ „ 1,00.

Benzol C_6H_6 wird als Ersatz für Benzin wie dieses in Verbrennungskraftmaschinen verwendet. Es ist nicht so leichtflüchtig wie Benzin und läßt höhere Verdichtungsspannungen zu. Der geringste theoretische Luftbedarf ist 10 cbm/kg, der Heizwert etwa 9500—10000 WE/kg.

Die übrigen Fraktionen führen den Sammelnamen **Teeröl**, das früher der wichtigste Brennstoff für Dieselmaschinen war. Der geringste theoretische Luftbedarf ist 10 cbm/kg, der Heizwert etwa 9000 WE/kg. Wegen seiner trägeren Zündfähigkeit wird nach S. 44 die Verbrennung durch ein besonderes Zündöl eingeleitet.

Versuche, auch den **rohen Teer** in Dieselmaschinen zu verbrennen, sind für den leichter flüssigen Vertikalofenteer erfolgreich gewesen, besonders wenn der Teer vor dem Eintritt in die Brennstoffpumpen durch ein Kiesfilter geht.

3. Destillate des Braunkohlenteeres.

Der Braunkohlenteer ist im Gegensatz zum Steinkohlenteer Haupterzeugnis und wird aus stark bituminöser Braunkohle und Schiefer hergestellt und zu Mineralöl und Paraffin verarbeitet. Die Hauptfraktionen sind **Solaröl** und **Paraffinöl.** Der theoretische Luftbedarf ist etwa 11 cbm/kg, der Heizwert rund 10 000 WE/kg.

Flüssige Brennstoffe. 119

	Spez. Gewicht kg/cdm	Siedegrenzen ⁰ C
Solaröl	0,825—0,83	150—270⁰
Helles Paraffinöl	0,85 —0,88	189—300⁰
Dunkles „	0,88 —0,90	200—300⁰

4. Spiritus.

Dieser wird aus gedämpften Kartoffeln und Grünmalz durch Gärung und Destillation hergestellt und enthält stets mehr oder weniger Wasser. Der reine Alkohol $C_2H_5(OH)$ hat folgende Zusammensetzung:

$$C = 52,12\%$$
$$H = 13,14\,,,$$
$$O = 34,74\,,,$$

Der hohe Sauerstoffgehalt in Verbindung mit dem Wassergehalt erklärt den verhältnismäßig niedrigen Heizwert, der beträgt:

für reinen Alkohol 6362 WE/kg
„ 95% „ 6014 „
„ 90 „ „ 5665 „
„ 85 „ „ 5318 „
„ 80 „ „ 4970 „

Spiritus kann in Verpuffungsmaschinen ähnlich wie Benzol verbrannt werden; da er jedoch nicht so leichtflüchtig ist, läßt man die Maschine mit Benzol anlaufen, bis der Vergaser genügend warm geworden ist, und schaltet dann auf Spiritus um. Seiner allgemeinen Verwendung steht der sehr hohe Preis entgegen.

VI. Theorie der Verbrennungskraftmaschinen[1]).

Aus der mechanischen Wärmetheorie werden folgende Beziehungen als bekannt vorausgesetzt:

---

[1]) Siehe auch des Verfassers Technische Wärmelehre der Gase und Dämpfe, 3. Aufl. Berlin: Julius Springer 1923.

1. Thermischer Wirkungsgrad $\eta_{th} = \dfrac{Q_1 - Q_2}{Q_1}$

2. I. Poissonsche Gleichung $p_1 v_1^k = p_2 v_2^k$

3. II.   ,,   ,, $\left(\dfrac{v_1}{v_2}\right)^{k-1} = \dfrac{T_2}{T_1}$

4. III. ,,   ,, $\left(\dfrac{p_1}{p_2}\right)^{\frac{k-1}{k}} = \dfrac{T_1}{T_2}$

5. Gesetz von Gay-Lussac $\dfrac{v_1}{v_2} = \dfrac{T_1}{T_2}$

6. Zustandsänderung bei konstantem Volumen $\dfrac{p_1}{p_2} = \dfrac{T_1}{T_2}$

7. Verhältnis der spezifischen Wärmen $\dfrac{c_p}{c_v} = k = 1{,}41$.

A. Theorie des Verpuffungsprozesses.

Das theoretische Diagramm der Viertaktmaschine ist in Abb. 102 wiedergegeben.

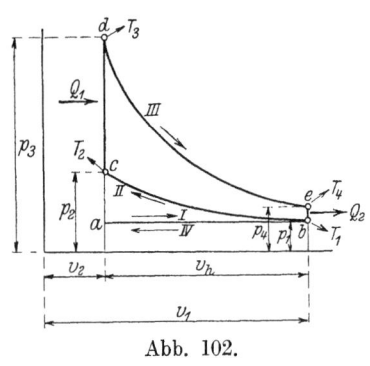

Abb. 102.

I. Hub: a—b: Ansaugen eines Gemisches aus Gas und Luft vom absoluten Druck p_1 und der absoluten Temperatur T_1.

II. Hub: b—c: Adiabatische Kompression vom Zustand $p_1 v_1 T_1$ auf den Zustand $p_2 v_2 T_2$.

III. Hub: 1. c—d: Zuführung der Wärmemenge Q_1 bei konstanten Volumen durch innere Verbrennung; dadurch plötzliche Überführung in den Zustand $p_3 v_2 T_3$.

2. d—e: Adiabatische Expansion vom Zustand $p_3 v_2 T_3$ auf den Zustand $p_4 v_1 T_4$.

IV. Hub: 1. e—b: Durch Entspannung auf den Druck p_1 gibt das Gas die Wärmemenge Q_2 ab.

2. b—a: Ausströmen. Nach dem folgenden Ansaugen ist bei b wieder der anfängliche Zustand $p_1 v_1 T_1$ vorhanden.

Theorie des Verpuffungsprozesses.

Die Wärmeabgabe bei e—b kann theoretisch als Wärmeentziehung bei konstantem Volumen behandelt und der Prozeß mit Weglassung des Ansauge- und des Ausströmhubes als ein **Kreisprozeß zwischen zwei Adiabaten und zwei Linien gleichen Volumens** betrachtet werden. Mit dieser Voraussetzung werden berechnet:

    a) der theoretische thermische Wirkungsgrad,
    b) die Vorgänge beim Kompressionshub,
    c) ,, ,, ,, Expansionshub.

a) Der theoretische thermische Wirkungsgrad ist

$$\eta_{th} = \frac{Q_1 - Q_2}{Q_1} = 1 - \frac{Q_2}{Q_1}$$

Ist das Gewicht des arbeitenden Gemisches $= G$ und seine spezifische Wärme bei gleichbleibendem Volumen $= c_v$, dann ist

$$Q_1 = G c_v (T_3 - T_2) \text{ und } Q_2 = G c_v (T_4 - T_1); \text{ also}$$

$$Q_1 - Q_2 = G c_v (T_3 - T_2 - T_4 + T_1)$$

$$= G c_v \left[T_3 \left(1 - \frac{T_4}{T_3}\right) - T_2 \left(1 - \frac{T_1}{T_2}\right) \right]$$

Nach der II. Poissonschen Gleichung ist aber

$$\frac{T_4}{T_3} = \left(\frac{v_2}{v_1}\right)^{k-1} \text{ und}$$

$$\frac{T_1}{T_2} = \left(\frac{v_2}{v_1}\right)^{k-1}; \text{ also}$$

$$\frac{T_4}{T_3} = \frac{T_1}{T_2}$$

Folglich wird

$$Q_1 - Q_2 = G c_v (T_3 - T_2) \left(1 - \frac{T_1}{T_2}\right)$$

nach der ersten Gleichung ist aber

$$G c_v (T_3 - T_2) = Q_1, \text{ also}$$

$$Q_1 - Q_2 = Q_1 \left(1 - \frac{T_1}{T_2}\right) \text{ oder}$$

$$\frac{Q_1 - Q_2}{Q_1} = 1 - \frac{T_1}{T_2}$$

Nach dem III. Poissonschen Gesetz ist aber

$$\frac{T_1}{T_2} = \left(\frac{p_1}{p_2}\right)^{\frac{k-1}{k}}; \text{ also}$$

$$\frac{Q_1 - Q_2}{Q_1} = \eta_{th} = 1 - \left(\frac{p_1}{p_2}\right)^{\frac{k-1}{k}}$$

Der theoretische thermische Wirkungsgrad hängt nur vom Verdichtungsverhältnis $p_1 : p_2$ ab und ist um so größer, je höher der Kompressionsenddruck p_2 ist. Letzterer hat seine obere Grenze durch die Möglichkeit einer unbeabsichtigten Selbst-Frühzündung infolge der Kompressionswärme.

b) Der Verdichtungs- oder Kompressionshub. Nach der I. Poissonschen Gleichung ist

$$\left(\frac{p_1}{p_2}\right) = \left(\frac{v_2}{v_1}\right)^k \text{ oder } v_2 = v_1 \left(\frac{p_1}{p_2}\right)^{\frac{1}{k}}$$

Setzt man das Kolbenwegvolumen $= v_h$, dann ist $v_1 = v_2 + v_h$ und

$$v_2 = (v_2 + v_h) \left(\frac{p_1}{p_2}\right)^{\frac{1}{k}} ; \text{ hieraus}$$

$$v_2 = \frac{v_h \left(\frac{p_1}{p_2}\right)^{\frac{1}{k}}}{1 - \left(\frac{p_1}{p_2}\right)^{\frac{1}{k}}} = \frac{v_h}{\left(\frac{p_2}{p_1}\right)^{\frac{1}{k}} - 1}$$

Danach kann man für eine durch ihre Zylinderabmessungen gegebene Maschine für ein bestimmtes Verdichtungsverhältnis $\frac{p_2}{p_1}$ die theoretisch notwendige Größe des Kompressionsraumes berechnen.

Ferner ist nach der III. Poissonschen Gleichung

$$\frac{T_1}{T_2} = \left(\frac{p_1}{p_2}\right)^{\frac{k-1}{k}}$$

Hieraus theoretische Endtemperatur

$$T_2 = T_1 \left(\frac{p_2}{p_1}\right)^{\frac{k-1}{k}}$$

c) Die Zündung und der Arbeitshub. Ist M die in G kg des Gemisches enthaltene Gasmenge in cbm bei $0°$ und 760 mm und ist H der Heizwert des Gases in WE/cbm, dann ist die bei der Verbrennung entwickelte Wärme

$$Q_1 = M \cdot H$$

Theorie des Verpuffungsprozesses.

Ferner ist auch
$$Q_1 = G c_v (T_3 - T_2); \text{ also}$$
$$MH = G c_v (T_3 - T_2).$$

Hieraus theoretische Höchsttemperatur
$$T_3 = T_2 + \frac{MH}{c_v G}$$

Der theoretische Höchstdruck wird nach dem Gesetz für Zustandsänderung bei konstantem Volumen berechnet:
$$p_3 = p_2 \frac{T_3}{T_2}$$

Expansionsendtemperatur T_4 und -Enddruck p_4 werden für Punkt e aus den Poissonschen Gesetzen berechnet:
$$\frac{T_3}{T_4} = \left(\frac{v_1}{v_2}\right)^{k-1}; \text{ hieraus}$$
$$T_4 = T_3 \left(\frac{v_2}{v_1}\right)^{k-1}; \text{ und aus}$$
$$\frac{p_3}{p_4} = \left(\frac{v_1}{v_2}\right)^{k} \text{ folgt}$$
$$p_4 = p_3 \left(\frac{v_2}{v_1}\right)^{k}$$

Die in den Auspuffgasen enthaltene Wärmemenge ist
$$Q_2 = G c_v (T_4 - T_1).$$

Die nach diesen Formeln berechneten Zahlenwerte weichen von der Wirklichkeit erheblich ab, hauptsächlich:

1. Wegen des Wärmeaustausches mit den Zylinderwandungen infolge der Wirkung des Kühlwassers; dadurch weichen auch die Expansions- und die Kompressionslinien von der Form der Adiabate ab.

2. Wegen des beim Ausströmhub im Verdichtungsraum zurückbleibenden Abgasrestes, der sich mit dem neu angesaugten Gasgemisch vermengt.

3. Wegen unvollkommener Verbrennung.

4. Weil die spezifische Wärme c_v und der Wert $k = 1{,}41$ für Gase bei höheren Temperaturen von den für 0^0 gültigen Werten erheblich verschieden ist.

B. Theorie des Gleichdruckprozesses.

Das theoretische Diagramm der Viertaktmaschine zeigt Abb. 103.
I. Hub: a—b: Ansaugen von Luft vom absoluten Druck p_1 und der absoluten Temperatur T_1.
II. Hub: b—c: Adiabatische Kompression vom Zustand $p_1 v_1 T_1$ auf den Zustand $p_2 v_2 T_2$.
III. Hub: 1. c—d: Verbrennung, also Wärmezufuhr, bei gleichbleibendem Druck p_2, während Volumen und Temperatur auf v_3 bzw. T_3 zunehmen.
    2. d—e: Adiabatische Expansion vom Zustand $p_2 v_3 T_3$ auf den Zustand $p_4 v_1 T_4$.
IV. Hub: 1. e—b: Durch Entspannung auf p_1 geben die Verbrennungsgase die Wärmemenge Q_2 ab.
    2. b—a: Ausströmen. Bei b ist wieder der Zustand $p_1 v_1 T_1$ vorhanden.

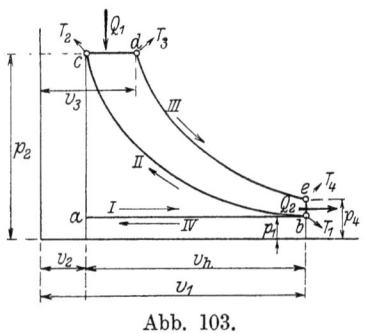

Abb. 103.

Der Prozeß kann ebenso wie der vorige als Kreisprozeß behandelt werden.

a) Der theoretische thermische Wirkungsgrad ist

$$\eta_{\text{th}} = \frac{Q_1 - Q_2}{Q_1} = 1 - \frac{Q_2}{Q_1}$$

ferner

$Q_1 = G c_p (T_3 - T_2)$: Zustandsänderung bei konstantem Druck (Linie c — d),
$Q_2 = G c_v (T_4 - T_1)$: Zustandsänderung bei konstantem Volumen (Linie e — b).

Also $\quad \eta_{\text{th}} = 1 - \dfrac{G c_v (T_4 - T_1)}{G c_p (T_3 - T_2)} = 1 - \dfrac{1}{k} \dfrac{T_1}{T_2} \dfrac{\dfrac{T_4}{T_1} - 1}{\dfrac{T_3}{T_2} - 1}$

Ferner ist:

1. für die Gleichdrucklinie b—c: $\dfrac{v_3}{v_2} = \dfrac{T_3}{T_2}$

2. für die Kompressionsadiabate: $\left(\dfrac{v_1}{v_2}\right)^{k-1} = \dfrac{T_2}{T_1}$

3. für die Expansionsdiabate: $\left(\dfrac{v_3}{v_1}\right)^{k-1} = \dfrac{T_4}{T_3}$

Theorie des Gleichdruckprozesses.

Durch Multiplikation dieser drei Gleichungen entsteht:

$$\frac{T_3}{T_2} \cdot \frac{T_2}{T_1} \cdot \frac{T_4}{T_3} = \frac{v_3}{v_2} \cdot \left(\frac{v_1}{v_2}\right)^{k-1} \cdot \left(\frac{v_3}{v_1}\right)^{k-1} \quad \text{oder}$$

$$\frac{T_4}{T_1} = \frac{v_3^k \cdot v_1^{k-1}}{v_2^k \cdot v_1^{k-1}} = \left(\frac{v_3}{v_2}\right)^k$$

Nach Gleichung 1 ist aber

$$\frac{v_3}{v_2} = \frac{T_3}{T_2}; \text{ also auch}$$

$$\frac{T_4}{T_1} = \left(\frac{T_3}{T_2}\right)^k$$

Dieser Wert für $\frac{T_4}{T_1}$ wird in die letzte Gleichung für η_{th} eingesetzt:

$$\eta_{th} = 1 - \frac{1}{k} \cdot \frac{T_1}{T_2} \cdot \frac{\left(\frac{T_3}{T_2}\right)^k - 1}{\frac{T_3}{T_2} - 1} = 1 - \frac{1}{k} \frac{T_1}{T_2} \frac{\left(\frac{v_3}{v_2}\right)^k - 1}{\frac{v_3}{v_2} - 1}$$

Nach der III. Poissonschen Gleichung ist

$$\frac{T_1}{T_2} = \left(\frac{p_1}{p_2}\right)^{\frac{k-1}{k}}; \text{ wird eingesetzt:}$$

$$\eta_{th} = 1 - \frac{1}{k}\left(\frac{p_1}{p_2}\right)^{\frac{k-1}{k}} \frac{\left(\frac{v_3}{v_2}\right)^k - 1}{\frac{v_3}{v_2} - 1}$$

Der Vergleich mit der entsprechenden Formel des Verpuffungsprozesses zeigt, daß beim Gleichdruckprozeß η_{th} nicht nur vom Kompressionsverhältnis $\frac{p_1}{p_2}$, sondern auch vom Füllungsverhältnis $\frac{v_3}{v_2}$ abhängt.

b) Die Berechnungen beim **Verdichtungshub** sind ebenso wie beim Verpuffungsprozeß.

c) **Die Verbrennung und Expansion.** Für die Gleichdrucklinie wird

$$\frac{T_3}{T_2} = \frac{v_3}{v_2}$$

Hieraus bei gegebenem v_3
$$T_3 = T_2 \frac{v_3}{v_2}$$
$$Q_1 = G c_p (T_3 - T_2)$$
Ferner wie beim Verpuffungsprozeß:
$$p_4 = p_2 \left(\frac{v_3}{v_1}\right)^k \text{ und}$$
$$T_4 = T_3 \left(\frac{v_3}{v_1}\right)^{k-1} \text{ sowie}$$
$$Q_2 = G c_v (T_4 - T_1)$$

Die hiernach berechneten Zahlenwerte weichen von der Wirklichkeit ab aus den S. 123 genannten Gründen.

Die Größe des Verbrennungsraumes wird praktisch ausgeführt bei

1. Benzinmaschinen und ähnlichen mit $p_2 = $ 4 at etwa $0{,}40 \cdot v_h$
2. Leuchtgasmaschinen ,, $p_2 = $ 7 at ,, $0{,}25 \cdot v_h$
3. Sauggasmaschinen ,, $p_2 = $ 10 at ,, $0{,}15 \cdot v_h$
4. Gichtgasmaschinen ,, $p_2 = $ 12 at ,, $0{,}12 \cdot v_h$
5. Gleichdruckmaschinen ,, $p_2 = $ 35 at ,, $0{,}07 \cdot v_h$

C. Konstruktion der theoretischen Expansions- und Verdichtungslinie.

Die der Gleichung
$$p_1 v_1^k = p_2 v_2^k = \text{konst.}$$
entsprechende Adiabate wird nach Brauer wie folgt konstruiert:

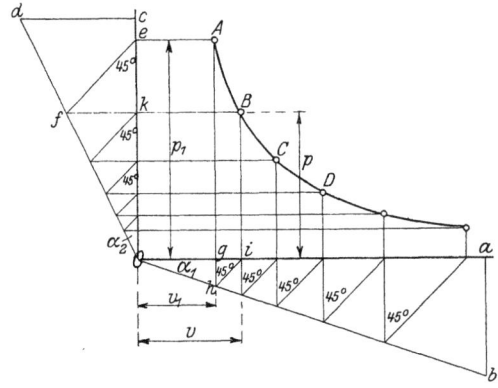

Abb. 104.

Konstruktion der theoretischen Expansions- und Verdichtungslinie.

Man trägt nach Abb. 104 an die Abszissenachse den Winkel α_1 und an die Ordinatenachse den Winkel α_2 an; beide Winkel müssen der Gleichung:
$$1 + \operatorname{tg} \alpha_2 = (1 + \operatorname{tg} \alpha_1)^k$$
genügen; d. h. α_1 wird beliebig gewählt und α_2 aus dieser Gleichung berechnet. Zweckmäßig wählt man
$$\alpha_1 = 18^0 \, 25' \text{ und } \alpha_2 = 26^0 \, 30'; \text{ dann wird}$$
$$\operatorname{tg} \alpha_1 = \tfrac{1}{3} \quad \text{und} \quad \operatorname{tg} \alpha_2 = \tfrac{1}{2}$$

Man macht hiernach, z. B. $Oa = 90$ mm; $ab = 30$ mm, $Oc = 90$ mm; $cd = 45$ mm; zieht durch den gegebenen Anfangspunkt A die Wagerechte Ae und die Senkrechte Agh, ferner unter 45^0 die Geraden ef und hi, durch f eine Wagerechte und durch i eine Senkrechte; dann ist der Schnittpunkt B ein Punkt der gesuchten Adiabate, deren Konstruktion von B aus in derselben Weise fortgesetzt wird.

Beweis: Es ist
$$\operatorname{tg} \alpha_1 = \frac{gh}{Og} = \frac{gi}{Og} = \frac{v - v_1}{v_1}$$
$$\operatorname{tg} \alpha_2 = \frac{kf}{Ok} = \frac{ke}{Ok} = \frac{p_1 - p}{p},$$
berechnet man hieraus die Werte für v_1 und p_1 und setzt sie in die Adiabatengleichung
$$p \, v^k = p_1 \, v_1^k$$
ein, so muß sich eine identische Gleichung ergeben. Aus der ersten Gleichung folgt:
$$v_1 \operatorname{tg} \alpha_1 = v - v_1, \text{ hieraus}$$
$$v_1 = \frac{v}{1 + \operatorname{tg} \alpha_1}$$
Aus der zweiten Gleichung folgt:
$$p \operatorname{tg} \alpha_2 = p_1 - p; \text{ hieraus}$$
$$p_1 = p (1 + \operatorname{tg} \alpha_2)$$
Beide Werte in die Adiabatengleichung eingesetzt:
$$p \, v^k = p (1 + \operatorname{tg} \alpha_2) \frac{v^k}{(1 + \operatorname{tg} \alpha_1)^k}.$$

Diese Gleichung kann nur identisch sein, wenn die Winkel α_1 und α_2 so gewählt werden, daß sie der Gleichung
$$1 + \operatorname{tg} \alpha_2 = (1 + \operatorname{tg} \alpha_1)^k$$
genügen.

Die Kurve muß sehr genau gezeichnet werden, da sich jeder Zeichnungsfehler auf sämtliche folgenden Punkte überträgt.

Dieser Nachteil wird vermieden, wenn man die Kurve nach der Gleichung
$$p_1 v_1^k = p_2 v_2^k$$
punktweise aufträgt. Gegeben ist p_1 und v_1, die verschiedenen Werte von v_2 werden angenommen, die zugehörigen Werte von p_2 werden berechnet nach
$$p_2 = \frac{p_1 v_1^k}{v_2^k}$$

Da die Kurven keine reinen Adiabaten sind, kommt man der Wirklichkeit näher, wenn man $k = 1{,}3$ annimmt.

Deshalb läßt sich das Diagramm nicht mit derselben Sicherheit voraus bestimmen wie ein Dampfdiagramm.

Für die Expansionslinie kann der Anfangspunkt A gewählt werden:

a) Bei Verpuffungsmaschinen in Höhe von 25 at.
b) Bei Gleichdruckmaschinen in Höhe von 35 at und mit einem Füllungsverhältnis 10—14%.

Der dem Verdichtungsraum Og entsprechende Abstand ist nach S. 126 zu wählen. Die Kompressionslinie wird mit dem Anfangspunkt der Kompression begonnen.

VII. Wirtschaftlichkeit der Verbrennungskraftmaschinen.

Zum Vergleich der Wirtschaftlichkeit der verschiedenen Wärmekraftmaschinen ist erforderlich die Kenntnis

A. der Wirkungsgrade,
B. des Brennstoffverbrauches und der Brennstoffkosten,
C. der Gesamtbetriebskosten.

A. Die Wirkungsgrade.

Man unterscheidet:

I. den theoretischen thermischen Wirkungsgrad η_{th},
II. den thermischen indizierten Wirkungsgrad η_i,
III. den mechanischen Wirkungsgrad η_m,
IV. den wirtschaftlichen Wirkungsgrad η_w.

Die Wirkungsgrade.

I. Der theoretische thermische Wirkungsgrad η_{th} ist nach S. 121 das Verhältnis

$$\eta_{th} = \frac{Q_1 - Q_2}{Q_1}$$

des verlustlosen Kreisprozesses.

II. Der indizierte thermische Wirkungsgrad η_i ist das Verhältnis der für 1 PS$_i$-Std theoretisch notwendigen Wärmemenge zu der für dieselbe Leistung tatsächlich aufgewendeten Wärme. Nach S. 58 ist für 1 PS-Std theoretisch notwendig eine Wärmemenge von 632 WE. Bezeichnet man die Brennstoffmenge für 1 PS$_i$-Std mit B$_i$ und den Heizwert mit H, dann ist die für 1 PS$_i$-Std tatsächlich aufzuwendende Wärmemenge $= B_i \cdot H$ und

$$\eta_i = \frac{632}{B_i H}$$

Der Quotient $\dfrac{\eta_i}{\eta_{th}} = \eta_g$ ist ein Maß für die praktische Ausnützungsmöglichkeit des verlustlosen Kreisprozesses und wird deshalb auch **Gütegrad** genannt. Es ist also

$$\eta_i = \eta_{th} \cdot \eta_g$$

III. Der mechanische Wirkungsgrad η_m soll ein Maß für die Güte der Bearbeitung und des Zusammenbaues der bewegten Teile sein, also ein Maß für den Anteil der in indizierte Arbeit verwandelten Wärme, der als Nutzarbeit an der Kurbelwelle verfügbar ist, also das Verhältnis

$$\eta_m = \frac{N_e}{N_i}$$

Bei Zweitakt- und Dieselmaschinen pflegt man den indizierten Arbeitsbedarf N_l der Lade- und Luftpumpen von N abzuziehen, so daß

$$\eta_m = \frac{N_e}{N_i - N_l} \quad \text{wird.}$$

IV. Der wirtschaftliche Wirkungsgrad η_w ist das Verhältnis der für 1 PS$_e$-Std theoretisch notwendigen Wärmemenge zu der für dieselbe Leistung tatsächlich aufgewendeten Wärme. Bezeichnet man den Brennstoffverbrauch für 1 PS$_e$-Std mit B$_e$ und seinen Heizwert mit H, dann ist

Wirtschaftlichkeit der Verbrennungskraftmaschinen.

Betriebsart		Brennstoff	Heizwert WE/kg oder cbm	Brennstoffverbrauch für 1 PS$_e$-Std in kg bzw. cbm Normalleistung			Wirtschaftlicher Wirkungsgrad η_w Normalleistung		
				10 PS	100 PS	1000 PS	10 PS	100 PS	1000 PS
Dampf	Einzylinder-Auspuffmaschine	Kohle	7200	2,8—3,6			0,03—0,024		
	Verbundmaschine mit Kondensation und Überhitzung		7200		0,8—1,0			0,11—0,09	
	Dampfturbine		7200			0,6—0,8			0,15—0,11
Verpuffungsmaschine	Kraftgasmaschine	Leuchtgas	5000	0,6			0,21		
	"	Benzol	10000	0,33			0,19		
	Kraftgasmaschine	Anthrazit	8000	0,5—0,7	0,4—0,5		0,16—0,11	0,20—0,16	
	"	Koks	7000	0,6—0,8	0,5—0,6		0,15—0,11	0,18—0,15	
Gleichdruckmaschine (Diesel)		Teeröl	9000	0,26	0,22	0,21	0,27	0,32	0,335
		Gasöl	10000	0,23	0,20	0,18	0,27	0,32	0,35

$$\eta_w = \frac{632}{B_e \cdot H}$$

Da $B_i = B_e \dfrac{N_e}{N_i} = B_e \cdot \eta_m$ ist, so folgt mit Bezug auf $\eta_i = \dfrac{632}{B_i H}$

oder mit
$$\eta_w = \eta_i \eta_m$$
$$\eta_i = \eta_{th} \cdot \eta_g$$
$$\eta_w = \eta_{th} \cdot \eta_g \cdot \eta_m.$$

Eine Übersicht über den Brennstoffverbrauch und die wirtschaftlichen Wirkungsgrade der wichtigsten Wärmekraftmaschinen einschließlich der Dampfmaschinen gibt **Zahlentafel S. 130**.

Die beste Wärmeausnützung hat demnach die Dieselmaschine, dann folgt die Verpuffungsmaschine und endlich die Dampfmaschine, deren wirtschaftlicher Wirkungsgrad bei kleinen Leistungen ganz besonders gering ist. Der Brennstoffverbrauch ist bei Dampf- und Kraftgasmaschinen höher angenommen als Versuche im Beharrungszustand ergaben, weil die Betriebspausen infolge von Ausstrahlungs- und Durchbrandverlusten den normalen Brennstoffverbrauch ungünstig beeinflussen.

B. Die Brennstoffkosten.

Wegen der Verschiedenheit der Einheitspreise der Brennstoffe genügt die Kenntnis der Wärmeausnützung noch nicht zur Beurteilung der Wirtschaftlichkeit. Hier seien folgende Brennstoffpreise angenommen:

1. Steinkohle mit 7200 WE zu Mk. 2,50 für 100 kg
2. Leuchtgas ,, 5000 ,, ,, ,, 0,16 ,, 1 cbm
3. Benzol ,, 10000 ,, ,, ,, 0,55 ,, 1 kg
4. Teeröl ,, 9000 ,, ,, ,, 15,— ,, 100 kg
5. Gasöl ,, 10000 ,, ,, ,, 14,— ,, 100 kg
6. Anthrazit ,, 8000 ,, ,, ,, 4,50 ,, 100 kg
7. Koks ,, 7000 ,, ,, ,, 3,50 ,, 100 kg.

Diese Ziffern sind natürlich Schwankungen unterworfen und von den Frachtverhältnissen abhängig und sollen deshalb hier keineswegs als Normalien gelten, sondern nur zur Aufstellung des Berechnungsschemas dienen.

Mit den Verbrauchszahlen von S. 130 ergeben sich folgende **Brennstoffkosten in Pf. für 1 PS$_e$-Std**:

	10 PS	100 PS	1000 PS
Einzylinder-Auspuffmaschine	} 7,0 9,0		
Verbundmaschine mit Kondensation und Überhitzung		} 2,0 2,5	
Dampfturbine			} 1,5 2,0
Leuchtgasmaschine	9,6		
Benzolmaschine	18,1		
Kraftgasmaschine mit Anthrazit . . .	} 2,3 3,2	} 1,8 2,3	
„ „ Koks	} 2,1 2,8	} 1,8 2,1	
Dieselmaschine	3,2	2,8	2,5

C. Die Gesamt-Betriebskosten.

Auch die Brennstoffkosten ermöglichen noch keinen einwandfreien Vergleich wegen der großen Verschiedenheiten der jährlichen Beträge für Verzinsung, Abschreibung und Instandhaltung der Maschinen, Gebäude und Zubehörteile, ferner für Bedienung, für Schmier- und Putzstoffe. Die Anlagekosten einschließlich Gebäude und Zubehör seien wie folgt angenommen:

$$\begin{aligned}
\text{Dampfmaschine} \quad &\ldots \quad 10 \text{ PS} = \text{Mk. } 14\,000 \\
\text{„} \quad &\ldots \quad 100 \text{ „} = \text{„} \quad 52\,000 \\
\text{„} \quad &\ldots \quad 1000 \text{ „} = \text{„} \quad 250\,000 \\
\text{Leuchtgasmaschine} \quad &. \quad 10 \text{ „} = \text{„} \quad 5\,600 \\
\text{Benzolmaschine} \quad &\ldots \quad 10 \text{ „} = \text{„} \quad 5\,700 \\
\text{Kraftgasmaschine} \quad &.. \quad 10 \text{ „} = \text{„} \quad 10\,000 \\
\text{„} \quad &.. \quad 100 \text{ „} = \text{„} \quad 38\,000 \\
\text{Dieselmaschine} \quad &\ldots \quad 10 \text{ „} = \text{„} \quad 10\,000 \\
\text{„} \quad &\ldots \quad 100 \text{ „} = \text{„} \quad 50\,000 \\
\text{„} \quad &\ldots \quad 1000 \text{ „} = \text{„} \quad 350\,000
\end{aligned}$$

Rechnet man für Verzinsung, Abschreibung und Unterhaltung der Maschinen 15%, der Gebäude 7% des Neuwertes, sowie die üblichen Kosten für Bedienung usw., so ergeben sich mit Berücksichtigung der täglichen Betriebsdauer etwa folgende

Die Gesamt-Betriebskosten.

Gesamtbetriebskosten für 1 PS$_e$-Std

Tägliche Betriebsdauer Std	24	14	12	9	4
Dampfmaschine 10 PS . . . . Pf	18,4	21,9	23,0	26,5	39,3
„ 100 „ . . . . „	4,9	6,3	6,5	7,6	12,0
„ 1000 „ . . . . „	2,6	3,2	3,3	3,8	5,7
Leuchtgasmaschine 10 PS . „	17,9	20,9	20,9	22,6	28,4
Benzolmaschine 10 „ . „	26,4	29,3	29,3	31,1	36,9
Kraftgasmaschine Anthr. 10 „ . „	12,2	16,0	16,6	18,8	28,4
„ „ 100 „ . „	4,1	5,5	5,5	6,0	9,9
„ Koks 10 „ . „	11,9	15,7	16,3	18,5	28,1
„ „ 100 „ . „	4,1	5,5	5,5	6,0	9,9
Dieselmaschine 10 „ . „	12,8	16.5	17,1	19,3	28,9
„ 100 „ . „	4,8	5,9	6,0	7,1	11,5
„ 1000 „ . „	3,5	4,2	4,4	5,0	8,1

Die Wirtschaftlichkeit der **Gichtgasmaschinen** ist schon S. 115 behandelt. Eine wesentliche Verbesserung derselben besteht in der Ausnützung der Abgase durch Abhitzekessel[1]). Durch diese Anordnung ist es möglich, mit je 5000 WE, die im Gas der Maschine zugeführt werden, 1—1,5 kg überhitzten Dampfes zu erzeugen; die hierdurch nutzbar gemachte Wärme beträgt je nach der Temperatur des Speisewassers und des Dampfes etwa 15—20 % der im zugeführten Frischgas enthaltenen Wärme.

Bei der **Wahl der Betriebskraft** sind jedoch nicht nur die Betriebskosten zu berücksichtigen, sondern auch andere Umstände in Rechnung zu ziehen, nämlich das Bedürfnis für Wärme zu Heiz- und Fabrikationszwecken, dann die Betriebssicherheit und die dadurch notwendigen Reserven, endlich die Belastungsschwankungen und die Überlastungsfähigkeit; häufig auch die Beschaffenheit des Aufstellungsortes (Dampfkessel sind genehmigungspflichtig) und die Größe der Grundfläche. Ferner ist zu beachten, daß die Normalleistung einer Dampfanlage nach der mittleren Betriebsleistung, die Normalleistung einer Verbrennungskraftmaschine stets nach der größten Betriebsleistung bemessen werden sollte.

---

[1]) Maschinenfabrik Augsburg-Nürnberg u. a., s. a. S. 115.

Anhang.

Geschichtliche Übersicht.

Die Bestrebungen, die bei der plötzlichen Verbrennung explosibler Mischungen freiwerdende Arbeit in Maschinen auszunützen, sind schon sehr alt und gehen bis auf das 17. Jahrhundert zurück. Wenn auch fremdländische Erfinder am Ausbau der Verbrennungskraftmaschinen mitgewirkt haben, so gebührt doch das Verdienst, aus guten Gedanken wirklich brauchbare Maschinen geschaffen zu haben, hauptsächlich deutschen Erfindern und Maschinenfabriken, vor allem den Bahnbrechern **Otto** und **Diesel**.

1680. **Huyghens** schlägt vor, in einem Zylinder Schießpulver zu verpuffen, wodurch ein Kolben emporgeschleudert werden sollte; die Verbrennungsgase sollten abgekühlt werden; der Kolben sollte dann durch den atmosphärischen Luftdruck und sein Eigengewicht sich nach unten bewegen und dabei mechanische Arbeit abgeben. Diese und ähnliche Maschinen sind wahrscheinlich nie ausgeführt worden.

1799. **Lebon** erhält ein Patent auf ein Verfahren, nach welchem Gas und Luft durch Pumpen in einen Behälter gedrückt, dort gemischt und, ähnlich wie der Dampf dem Zylinder einer Dampfmaschine, einem doppeltwirkenden Arbeitszylinder zugeführt, dort elektrisch entzündet werden und durch seine Ausdehnung Arbeit verrichten sollte.

1833. **Wright** führt eine doppeltwirkende Maschine mit zwei Ladepumpen und Fliehkraftregler aus; letzterer wirkt auf den Gasgehalt der Ladung ein. Arbeitszylinder und Kolben mit Wasser gekühlt, Zündung im Totpunkt durch äußere Zündflamme.

1838. **Barnett** erhält ein Patent auf eine einfachwirkende Maschine, bei der durch eine Luftpumpe ein brennbares Gemisch in einem besonderen Laderaum verdichtet wurde, der dann durch einen Schieber mit dem Arbeitszylinder verbunden und in dem durch eine besonders gesteuerte Zündflamme die verdichtete Ladung bei der Totlage des Kolbens entzündet wurde.

Diese sowie die von **Drake, Johnston, Barsanti** und **Matteucci** erdachten Bauarten hatten alle keinen praktischen Erfolg, obwohl die Barnettsche Maschine Elemente neuzeitlicher Gasmaschinen enthielt.

1860. Maschine von **Lenoir.** Der Arbeitskolben saugt während des ersten Teiles des Hubes durch einen Einlaßschieber, der mittels Exzenter gesteuert wird, durch abwechselnd angebrachte Bohrungen für Luft und Leuchtgas eine brennbare Ladung an. Etwa bei der Mittelstellung des Kolbens schließt der Einlaßschieber ab, ein überspringender **elektrischer Funke** entzündet das Gemisch und die Verbrennungsgase treiben den Kolben vorwärts. Beim Rückgang des Kolbens öffnet sich der Auslaßschieber, die Verbrennungsgase entweichen und gleichzeitig wird auf der anderen Kolbenseite eine neue Ladung angesaugt. Der Zylinder besitzt demnach zwei Einlaß- und zwei Auslaßschieber und die Maschine arbeitet wie eine Dampfmaschine doppeltwirkend im Zweitakt. Der Gasverbrauch betrug nach Versuchen von Max Eyth und anderen etwa 3 cbm/PS_e-Std; bei einem Heizwert von 5000 WE/cbm erhält man demnach für den wirtschaftlichen Wirkungsgrad den sehr kleinen Wert $\eta_w = \dfrac{632}{3 \cdot 5000} = 0{,}042$. Zylinder, Deckel und Auspuffstutzen waren mit Wasser gekühlt. Die Maschine mußte sehr reichlich geschmiert werden, sonst brannte der Kolben fest.

1867. Atmosphärische Maschine von **Otto und Langen.** Sie war eine Vervollkommnung der Maschine von Barsanti und Matteucci und erregte Aufsehen einerseits wegen ihres im Vergleich zur Lenoirschen Maschine sehr geringen Gasverbrauches (etwa 1 cbm und darunter für 1 PS_e-Std), anderseits wegen ihres äußerst geräuschvollen Ganges. Die Maschine hat einen stehenden, oben offenen, wassergekühlten Zylinder, in dem sich ein Kolben mit gezähnter, oben herausragender Kolbenstange bewegt; die Verzahnung greift in ein Zahnrad ein, welches mit der Welle durch eine Reibungskupplung so verbunden ist, daß die Kolbenstange die Welle nur beim Niedergang mitnimmt, beim Aufwärtsgang dagegen das Zahnrad lose auf der Welle läuft. Beim Hochgang des Kolbens wird ein angesaugtes Gasluftgemisch durch eine Flamme entzündet, der Kolben fliegt frei nach oben, die Verbrennungsgase expandieren bis unter den atmosphärischen

Luftdruck, der Kolben kommt durch sein Gewicht und den Gegendruck der Luft zur Ruhe und bewegt sich durch den Luftdruck und sein Eigengewicht arbeitverrichtend nach unten (einfachwirkende Zweitaktmaschine).

1877. **Viertaktmaschine von Otto.** Der Gedanke des Viertaktprozesses stammt von Beau de Rochas, der ihn 1861 in einer Druckschrift veröffentlichte. Den ersten betriebsfähigen Viertaktmotor baute der Münchener Hofuhrmacher Reithmann 1873. Ohne Kenntnis dieser Erfindung baute Otto, der zusammen mit Langen die Gasmotorenfabrik Deutz begründete, 1877 seine Maschine, die wegen ihres ruhigen Ganges und geringen Gasverbrauches allgemeines Aufsehen erregte, nachdem der Bau von atmosphärischen Flugkolbenmaschinen in größeren Ausführungen als etwa 3 PS sich als unmöglich herausgestellt hatte. Die Maschine war liegend, einfachwirkend, mit offenem Kolben, jedoch mit Kreuzkopf und wurde durch einen Schieber gesteuert, der sich am hinteren Zylinderende befand und mittels Steuerwelle und Kurbel bewegt wurde. Die Zündung erfolgte durch eine offene Flamme, die Regelung durch Aussetzer. Die Maschinenleistungen wuchsen von 4 PS im Jahre 1878 auf 100 PS im Jahre 1889. Der Leuchtgasverbrauch betrug bei Normalleistungen von 2 bis 25 PS etwa 0,9 bis 0,7 cbm/PS_e-Std. 1886 erbaute die Gasmotorenfabrik Deutz den ersten 50pferdigen Kraftgasmotor.

1878. Da das Viertaktverfahren der Gasmotorenfabrik Deutz zunächst noch patentiert[1]) war, suchten verschiedene Erfinder durch den Zweitaktprozeß etwas mindestens Gleichwertiges zu schaffen. Größere Erfolge hatten erst später die Maschinen von Oechelhäuser und Junkers 1896 und Körting 1898. Die Oechelhäuser-Maschine besitzt zwei gegenläufige Kolben, die drei Schlitzkränze steuern, nämlich je einen für Auspuff, Spül- und Ladeluft und Gas. Die ausführliche Beschreibung der Körtingschen Maschine findet sich S. 31.

1883. **Daimler** baute die erste Ölmaschine schon als Schnelläufer mit n = 500 bis 800 und gab damit den Anstoß zur Entwicklung der heutigen Automobil-, Motorboots- und Flugzeugindustrie. Die Namen weiterer auf diesem Gebiet tätiger Erfinder sind: Spiel, Capitaine, Priestman, Banki, Söhnlein (Zweitaktölmaschine), Güldner.

---

[1]) Das Patent wurde 1884 für nichtig erklärt.

1893. Nachdem schon vorher mehrfach der Bau von Gleichdruckmaschinen sowohl zum Betrieb mit Gas (Brayton, Simon) als mit Öl (Brayton, Capitaine, Brünnler) versucht worden war, veröffentlichte **Diesel** 1893 eine Schrift: „Theorie und Konstruktion eines rationellen Wärmemotors zum Ersatz der Dampfmaschine und der heute bekannten Wärmemotoren", in der er die Möglichkeit der Verwirklichung des Carnotschen Kreisprozesses entwickelt. Dieses ideale Arbeitsverfahren mußte jedoch wegen der zu erwartenden hohen Drücke (250 at) verändert werden. Die Ausführung der nach diesem nunmehr patentierten [1]) Verfahren arbeitenden Maschine übernahmen die Firmen Friedr. Krupp in Essen und die Maschinenfabrik Augsburg. 1894 wurde der erste Versuchsmotor gebaut, 1897 waren die von Schröter durchgeführten Versuche abgeschlossen. Wenn auch die Dieselmaschine wegen ihrer vorzüglichen Wärmeausnützung (η_w bis 0,35) an der Spitze aller Wärmekraftmaschinen steht, und wenn sie auch heute für sehr viele Betriebe gebaut wird, so ist doch die von ihr erhoffte Umwälzung im Kraftmaschinenbau noch nicht eingetreten, weil die Brennstoffe, die für Dieselmaschinen in Betracht kommen, mit der wachsenden Ausbreitung der letzteren rasch im Preise gestiegen sind. Weitere Fortschritte bedeuten heute die Einführung der Dieselmaschine in den Schiff- und Lokomotivbau, sowie die aus dem Versuchsstadium herausgetretene Gasturbine.

---
[1]) Das Patent ist 1908 abgelaufen.

Quellenverzeichnis.

Barth, Die zweckmäßigste Betriebskraft (Sammlung Göschen).
Dubbel, Öl- und Gasmaschinen (Springer, Berlin).
Güldner, Das Entwerfen und Berechnen der Verbrennungskraftmaschinen (Springer, Berlin).
„Hütte", Des Ingenieurs Taschenbuch (Ernst, Berlin).
Magg, Die Steuerungen der Verbrennungskraftmaschinen (Springer, Berlin).
Neumann, Die Verbrennungskraftmaschinen (Jaenicke, Leipzig).
Schmitz, Die flüssigen Brennstoffe (Springer, Berlin).
Zeitschrift des Bayerischen Revisionsvereines, München.
Zeitschrift des Vereines Deutscher Ingenieure.
Drucksachen und Zeichnungen der Firmen:
  Benz u. Co., Mannheim,
  Robert Bosch, Stuttgart,
  Daimler, Berlin-Marienfelde,
  Motorenfabrik Deutz,
  Gebr. Körting, Hannover,
  Haniel u. Lueg, Düsseldorf,
  Linke-Hoffmannwerke, Breslau,
  Maschinenfabrik Augsburg-Nürnberg.
  Germaniawerft Friedrich Krupp A. G., Kiel.
  Pallasapparate-Gesellschaft, Charlottenburg.

Additional material from *Bau und Berechnung der Verbrennungskraftmaschinen. Eine Einführung*
ISBN 978-3-642-51914-7, is available at http://extras.springer.com

MIX
Papier aus verantwortungsvollen Quellen
Paper from responsible sources
FSC® C105338

If you have any concerns about our products,
you can contact us on
ProductSafety@springernature.com

In case Publisher is established outside the EU,
the EU authorized representative is:
**Springer Nature Customer Service Center GmbH
Europaplatz 3, 69115 Heidelberg, Germany**

Printed by Libri Plureos GmbH
in Hamburg, Germany